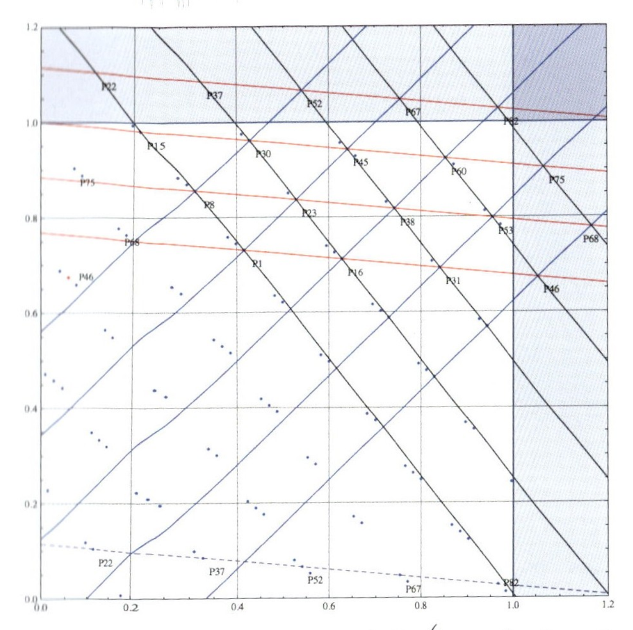

挿絵 (a)　**13** 頁のクロネッカーの定理：$\left(m\alpha-[m\alpha],\ m\beta-[m\beta]\right)$, $m=1,2,\ldots,100$ とし **100** 点を描画したもの。平行四辺形 $P_1P_{16}P_{38}P_{23}$ や $P_1P_{16}P_{23}P_8$ の格子点が無限個生成される過程を表している。

挿絵 **(b)**　**13** 頁のクロネッカーの定理の非線形版。$\left(\sin m\sqrt{2}, \cos m\sqrt{3}\right)$**,**　$m = 1, 2, \ldots, 10000$ とし **10000** 点を描画したもの。m を限りなく大きくするとこの式で生成される点が正方形内を稠密に埋め尽くす。

まえがき

理科系の学生が社会で活躍するためには、数学の基礎を身につけておくことが必須の条件です。本書では、初学者が陥りやすい数学の難点を具体的な例題を挙げながら、噛み砕いて解説するように努力するとともに、理系やり直し社会人にも数学の神髄を知ることのできる内容としました。実社会での例題を通して、抽象的な概念を具現化し解説しています。初等的な事実だけではなく、現代数学へと通じる道筋を明らかにしています(少し大げさですが)。

数学を教授するに際して、数学を専門とする学科以外の理工系学科では、数学の厳密さよりむしろ直感に訴え、実用に供する内容とすることが有意義な場合が多いと感じています。しかし、厳密さは数学の数学たる由縁ですから、これを損なうと数学ではなくなってしまいます。この辺の兼ね合いが難しく、本書を書くに当たって最も気にかけたところです。例えば、微分方程式という分野を例に挙げれば、本来の物理現象の解明ということを忘れてしまい、解の「存在性」や「一意性」のみを論ずる傾向に数学はあります。もちろん、これらは重要なテーマですが、これに重点を置きすぎると数学を使う応用系の学科では目標を失ってしまうことになりかねません。

主な内容はつぎの通りです。第 1 章では、まず数の概念を取り上げ、中でも近年の素数の研究の成果が暗号に利用されている事実を解説しました。続く第 2 章では、関数と写像を身近な例を挙げて説明しています。特に、逆関数は混乱しやすいのでその説明を丁寧にしました。第 3 章は、初学年での学習が必須である微分と積分についてまとめた上で、ルベーグ積分まで踏み込んで解説を試みました。第4章は、無限級数とテーラー展開について述べています。方程式を代数方程式から、常微分方程式、偏微分方程式まで解説した第5章は、第3章の微分・積分とともに本書の主要部分を構成しています。最後の第6章では確率を扱っています。確率は、日常用語にもなっていますが数学ではどのようにとらえているのか興味深い「モンティ・ホール問題」を通して紹介しています。附録では、本文を補う箇所と確率のシミュレーションコードを載せています。

執筆の分担は第3章を第2著者、その他を第1著者が担いましたが、内容に関する責任はすべて第1著者にあります。

本書を書くに当たって多くの方々の助言を得ましたので、ここに名前を挙げて感謝の意を表したいと思います。飛田武幸氏には数学全般に渡り大所高所から助言を賜りました。有本彰雄氏には、全体に目を通して頂き、数学的な厳密さをチェックして頂きました。吉田稔氏には、第3.4章のルベーグ積分および第6章の確率の記載について専門家として助言を頂戴いたしました。また、第6.3章では、延澤志保氏に計算言語学の立場より有益な示唆を頂きました。本書の編集は赤池涼子氏にお願いいたしました。氏の援助なくして本書は世に出ることはなかったと思います。ここに深謝いたします。最後に日新出版（株）の小川浩志氏に深甚なる感謝をいたします。

本書が著者らの意図した理系人の数学リテラシーとなることを祈りつつ。

著者を代表して　　野原勉

平成26年12月4日　日光にて

目次

まえがき i

第 1 章　数と代数構造 1
1.1　自然数と整数 1
1.2　有理数、実数、複素数 3
1.3　体と多項式の因数分解 7
1.4　素数 8

第 2 章　関数と写像 15
2.1　関数 15
2.2　写像 24

第 3 章　微分・積分 31
3.1　微分 31
3.2　不定積分 42
3.3　定積分 43
3.4　ルベーグ積分 53

第 4 章　無限級数とテーラー展開 63
4.1　無限級数 63
4.2　テーラー展開 65

第 5 章　方程式 71
5.1　代数方程式 71
5.2　微分方程式 77

5.3 偏微分方程式 96

第6章 確率 109

6.1 確率とは—コイントスを例として— 109
6.2 コイントスのシミュレーション 116
6.3 確率密度関数 122
6.4 条件付き確率 128
6.5 モンティ・ホール問題 131

附録A 数学用語の補足 143

A.1 上限と下限 143
A.2 弱微分 144
A.3 測度論 146

附録B Mathematica コード 151

参考文献 155

索引 157

第 1 章

数と代数構造

数に関する理論は数学の根源的なもので、ここからすべての数学は派生したといっても過言ではないでしょう。小学校以来、四則演算（たし算、ひき算、かけ算、わり算）を数に対して行ってきましたが、この章では、数を分類しその代数構造を見ていきます [1] [2][3][4] 。

1.1 自然数と整数

さて、私たちが扱う**数**を分類しましょう。まず、**自然数**[1] の集まりを記号 $\mathbb{N}$ で表します。すなわち、

$$\mathbb{N} = \{1, 2, 3, ...\}$$

です。**整数**の集まりは $\mathbb{Z}$ で表し、

$$\mathbb{Z} = \{..., -2, -1, 0, 1, 2, ...\}$$

となります。

集合 G の任意の 2 つの元 a, b に対して $a \circ b \in G$ を定める

[1] 自然数は英語で natural numbers というので、頭文字をとって $\mathbb{N}$ で表す。同様に**整数**は英語で integers であるが、この頭文字は i となり虚数単位と重なるのでドイツ語の数を表す Zahlen の頭文字をとって $\mathbb{Z}$ で表している。**実数**は英語で real numbers であるので、$\mathbb{R}$ を使う。**有理数**は英語で rational numbers でありこの頭文字はやはり R となるため、有理数の形は分数であり**商**の意味を持つ quotient からとり $\mathbb{Q}$ としている。**複素数**は英語の complex numbers から $\mathbb{C}$ と書く。

規則のことを **2 項演算**といい、記号 $\circ$ で表します。すなわち、$\circ : G \times G \to G$ という写像（§2.2）です。整数 $\mathbb{Z}$ にはたし算を 2 項演算として**群**（ぐん）という構造を持ちます。ここで群の定義を述べておきましょう。

群

定義 1.1.1　群とはつぎの (1) ~ (3) の性質を持った集合 G のことをいう。

(1)（結合法則）任意の $a, b, c \in G$ に対して $(a \circ b) \circ c = a \circ (b \circ c)$ が成り立つ。

(2)（単位元の存在）ある $e \in G$ が存在して、任意の $a \in G$ に対して $a \circ e = e \circ a = a$ が成り立つ。

(3)（逆元の存在）任意の $a \in G$ に対して、ある $b \in G$ が存在して、$a \circ b = b \circ a = e$ が成り立つ。b を a の逆元と呼び、a^{-1} で表す。

例 1.1.1　整数全体の集合 $\mathbb{Z}$ は、通常のたし算を 2 項演算[2]として群[3]となります。結合法則はたし算ですから明らかでしょう。ちなみに、単位元は 0 [4]となり、また、$a(\in \mathbb{Z})$ の逆元は $-a(\in \mathbb{Z})$ です。□

例 1.1.2　$G = \{1, -1\}$ とします。2 項演算を通常のかけ算とすると、この G は群をなします。□

問題 1.1.1　$\mathbb{Z}$ において、演算をかけ算にすると群にはならないことを確かめなさい。

---

[2] この場合、$\circ$ を $+$ と書く。
[3] 加法群という。
[4] 零元という。

問題 1.1.2　例 1.1.2 の結合法則、単位元および逆元の存在を示しなさい。

1.2　有理数、実数、複素数

$a \in \mathbb{Z}, b \in \mathbb{Z}, b \neq 0$ とし分数 $\frac{a}{b}$ で書くことができる数を**有理数**といいその集まりを $\mathbb{Q}$ で表します。すなわち、

$$\mathbb{Q} = \left\{ \frac{a}{b} \mid a \in \mathbb{Z}, b \in \mathbb{Z}, b \neq 0 \right\}$$

となります。さらに、分数で表すことができない数、例えば、$\sqrt{2}$ とか π を**無理数**といい、有理数の集まりに無理数の集まりを加えたものを**実数**といいます。実数の集まりを $\mathbb{R}$ で表します。

また、**虚数単位**を i とし、$a + bi$ で表せる数を**複素数**といい、その集まりを $\mathbb{C}$ で表します。すなわち、

$$\mathbb{C} = \left\{ a + bi \mid a \in \mathbb{R}, b \in \mathbb{R}, i = \sqrt{-1} \right\}$$

です。

ところで、上の実数の説明は高校で習う方法です。無理数の存在を発見したのは古代ギリシャ時代ですが、実数を明確に定義しその性質が明らかになったのは 19 世紀になってからであり、正確に実数を定義しようとすると、これが結構難しいのです。例えば、カントールは実数をつぎのように定義しました。すなわち、正の無限小数

$$\begin{aligned} A = & a_0.a_1a_2 \ldots a_n a_{n+1} \cdots \\ & a_0 \text{は非負の整数} \\ & a_1, a_2, \ldots \text{は 0 から 9 までの整数} \end{aligned} \tag{1.2.1}$$

の小数点以下 n 位までとった有限小数

$$A_n = a_0.a_1a_2...a_n \tag{1.2.2}$$

を考えると A_n は有理数であり、$n \to \infty$ のとき有理数の数列 $\{A_n\}$ は A に近づくとし、有理数列の極限値として実数を定義します。

有理数、実数、複素数ここで四則演算（加減乗除）を考えて有理数、実数、複素数の持つ数の体系について説明しましょう。**体**（たい）とは小学校以来計算して来た四則演算ができ分配法則が成り立つ数の体系です。正確に定義するとつぎのようになります。

体

定義 1.2.1 集合 K にたし算 $+$ とかけ算 $\cdot$ が定義されつぎの条件を満たすとき体という。

$(A1)$ K の任意の元 a, b に対して、$a+b=b+a$ が成立する。（たし算の交換法則[a]）

$(A2)$ K の任意の元 a, b, c に対して、$a+(b+c)=(a+b)+c$ が成立する。

（たし算の結合法則）

$(A3)$ K の任意の元 a に対して、$a+0=0+a=a$ となる K の元 0 が存在する。

（零元の存在。0 を K の零元、あるいは零と呼ぶ。）

$(A4)$ K の任意の元 a に対して、$a+b=0$ となる K の元 b が存在する。b を $-a$ と書く。

$(M1)$ K の任意の元 a, b に対して、$a \cdot b = b \cdot a$ が成立する。（かけ算の交換法則[b]）

$(M2)$ K の任意の元 a, b, c に対して、$a \cdot (b \cdot c) = (a \cdot b) \cdot c$ が成立する。（かけ算の結合法則）

$(M3)$ K の任意の元 a に対して、$a \cdot 1 = a$ となる K の元 1 が存在する。

（単位元の存在。1 を K の単位元と呼ぶ。）

$(M4)$ K の任意の元 $a \neq 0$ に対して、$a \cdot c = 1$ となる K の元 c が存在する。c を a^{-1} と書く。

（逆元の存在。a^{-1} を a の逆元と呼ぶ。）

(D) K の任意の元 a, b, c に対して、$a \cdot (b+c) = a \cdot b + a \cdot c$ が成立する。（分配法則）

---

[a] たし算の可換性ともいう。

[b] かけ算の可換性ともいう。

体の定義 1.2.1 において、(A2)~(A4) はたし算を 2 項演算としたときの群の定義であり、(M2)~(M4) はかけ算を 2 項演算としたときの群の定義です。したがって、体とは、たし算とかけ算についてそれぞれ可換群[5]をなし、たし算とかけ算は分配法則で互いに関連している数の体系ということになります。有理数全体 $\mathbb{Q}$ や実数全体 $\mathbb{R}$ は体の定義 1.2.1 を満たすのでその例となり、体を強調したいときには**有理数体**、**実数体**といいます。

ところで、複素数が体であるためにはつぎのような複素数に対する四則演算を定義せねばなりません。今、2 つの複素数 α, β を $\alpha = a + bi, \beta = c + di$ $(a, b, c, d \in \mathbb{R}, a = b = 0$ は除く$)$ とします。

複素数の四則演算

定義 1.2.2 複素数に対する四則演算の定義

(1) 複素数のたし算 $+$：

$$\alpha + \beta = (a + bi) + (c + di) := (a + c) + (b + d)i$$

(2) 複素数のひき算 $-$：

$$\alpha - \beta = (a + bi) - (c + di) := (a - c) + (b - d)i$$

(3) 複素数のかけ算 $\cdot$：

$$\alpha \cdot \beta = (a + bi) \cdot (c + di) := (ac - bd) + (ad + bc)i$$

(4) 複素数のわり算 $\div$：

$$\frac{\beta}{\alpha} = \frac{c + di}{a + bi} := \frac{1}{a^2 + b^2}((ac + bd) + (ad - bc)i)$$

問題 1.2.1 複素数に対する四則演算の定義 1.2.2 により複素数の集まり $\mathbb{C}$ が体となることを体の定義 1.2.1 と照らし合わせ

[5] (A1) と (M1) の可換性を満たす群をいう。

確認しなさい。また、複素数 $a+bi$ の逆元を求めなさい。ただし、a, b はともに 0 ではないとします。

1.3 体と多項式の因数分解

x に関する n 次の多項式 $P(x)$ は

$$P(x) = a_n x^n + a_{n-1} x^{n-1} + \cdots + a_1 x + a_0, \quad a_n \neq 0 \tag{1.3.1}$$

と書くことができます。例えば、

$$x^2 - 1 \tag{1.3.2}$$

$$x^2 - 2 \tag{1.3.3}$$

$$x^4 - 2x^3 + 2x^2 + 4x - 8 \tag{1.3.4}$$

などで、式 (1.3.2) や (1.3.3) は x に関する 2 次の多項式、式 (1.3.4) は x に関する 4 次の多項式といいます。さて、式 (1.3.2) の因数分解は

$$x^2 - 1 = (x-1)(x+1)$$

となることはすぐ分かりますね。しかし、式 (1.3.3) の因数分解は微妙です。すなわち、因数分解を有理数体の範囲で行えば式 (1.3.3) は因数分解できません。しかし、高等学校になって無理数を習い

$$x^2 - 2 = (x-\sqrt{2})(x+\sqrt{2}) \tag{1.3.5}$$

となることを知ります。これは、有理数体 $\mathbb{Q}$ に $\sqrt{2}$ を付け加えた**拡大体** $\mathbb{Q}(\sqrt{2})$ での因数分解となります。より一般的には、式 (1.3.5) は実数体 $\mathbb{R}$ での因数分解と理解できます。

つぎに式 (1.3.4) を因数分解しましょう。結果を書くとつぎ

のようになります。

多項式 $x^4 - 2x^3 + 2x^2 + 4x - 8$ の因数分解

(a) 体を有理数体 $\mathbb{Q}$ とすると

$$x^4 - 2x^3 + 2x^2 + 4x - 8 = (x^2 - 2)(x^2 - 2x + 4) \tag{1.3.6}$$

(b) 体を実数体 $\mathbb{R}$ とすると

$$x^4 - 2x^3 + 2x^2 + 4x - 8 = (x + \sqrt{2})(x - \sqrt{2})(x^2 - 2x + 4) \tag{1.3.7}$$

(c) 体を複素数体 $\mathbb{C}$ とすると

$$x^4 - 2x^3 + 2x^2 + 4x - 8 = (x + \sqrt{2})(x - \sqrt{2})(x - 1 + \sqrt{3}i)(x - 1 - \sqrt{3}i) \tag{1.3.8}$$

1.4　素数

この節では素数をテーマに基礎的なことを解説し、インターネットを経由した銀行決済やショッピングに素数が深く関わっていることを見ていきます [5]。特に、情報系の学科を専門とする読者諸君にはこの節の内容は重要なテーマとなります。

1.4.1　素数と合成数

素数と合成数

定義 1.4.1　1 より大きな整数 n が正の約数 1 と n だけのとき n を**素数**という。n が素数でないとき**合成数**という。

例 1.4.1　素数は

$2, 3, 5, 7, 11, 13, 17, 19, 23, 29, 31, 37, 41, 43, 47, 53, 59, 61, \ldots$

などです。合成数は

$4, 6, 8, 9, 10, 12, 14, 15, 16, 18, 20, 21, 22, 24, 25, 26, 27, 28, \ldots$
などです。□

素数は無数に存在する

定理 1.4.1 素数は無数に存在する。

例えば、最初の素数 2 から数えて 1 億個目の素数は $22,801,763,489$ です[6]。定理 1.4.1 の証明は、p を任意の素数とし $M = 2 \cdot 3 \cdot 5 \cdot 7 \cdot 11 \cdot 13 \cdots p + 1$ という数を構成して行います。もし、M が素数なら、これは p より大きな素数になります。もし、合成数なら p より大きな素数の約数を持つことがいえます。いずれにしても任意の素数 p より大きな素数の存在がいえます。

さて、自然数についてつぎの**算術の基本定理（素因数分解の一意性）**が成り立ちます。

算術の基本定理（素因数分解の一意性）

定理 1.4.2 すべての自然数は積の順序を除いて素数の積として一意に表すことができる。

例 1.4.2 $6 = 2 \times 3, 15 = 3 \times 5, 1105 = 5 \times 13 \times 17,$
$22801763497 = 409 \times 55750033.$ □

実は、大きな合成数の素因数分解はもちろんコンピュータを使わなければできませんが、それでも合成数の桁が大きくなる

[6] 知られている最大素数は $2^{57885161} - 1$ で、48 番目のメルセンヌ素数といわれるものである。10 進数で表し 1700 万桁以上あるので、読者のコンピュータで計算し印刷しようとしないでください。1 頁 5000 文字印刷しても 3400 頁以上必要とします。

と、その処理には途方もない時間を要します。逆に、2つの大きな桁の素数をかけ合わせて合成数を作ることは容易にできます。この事実と定理1.4.2の自然数の素数の積としての一意性が暗号処理に大きく関わっています。

1.4.2　リーマン予想

数 x 以下の素数の個数を与える関数として $\pi(x)$ があります。すなわち、

$$\pi(x) := \{the\ number\ of\ primes\ p, p \leq x \in \mathbb{N}\} \tag{1.4.1}$$

です。例えば、$\pi(2) = 1, \pi(3) = 2, \pi(5) = 3, \pi(113) = 30$ という具合です。

素数定理

定理 1.4.3

$$\lim_{x \to \infty} \frac{\pi(x)}{\frac{x}{\log x}} = 1 \tag{1.4.2}$$

ここで、log は自然対数です。素数の個数 $\pi(x)$ は x が大きいときには関数 $\dfrac{x}{\log x}$ で近似できるということです[7]。この証明には、リーマンの**ゼータ関数**[8]

$$\zeta(s) = \sum_{k=1}^{\infty} \frac{1}{k^s} = 1 + \frac{1}{2^s} + \frac{1}{3^s} + \frac{1}{4^s} + \frac{1}{5^s} + \dots \tag{1.4.3}$$

[7] 素数定理はガウスが予想したが、証明されたのはその約100年後の1896年である。

[8] $\zeta(s)$ は $\mathrm{Re}(s) > 1$ において絶対収束し、$s = 1$（1位の極）を除いた全複素平面に解析接続される。

を使いますが、ここでは紹介にとどめておきます。リーマンのゼータ関数は素数の**リーマン予想**[9]と密接に関係しており、今日でも未解決問題であり、多くの数学者が取り組んでいる難問です。

1.4.3 公開鍵暗号

「RSA 方式」[10]と呼ばれる「公開鍵暗号方式」は大きな素数の素因数分解の困難性に基づいています。数学的にはつぎの**フェルマーの小定理**を応用しています。

フェルマーの小定理

定理 1.4.4 p を素数、a を p で割ることのできない任意の自然数とする。このとき $a^{p-1} \equiv 1(\mathrm{mod}\ p)$ が成り立つ。

$a, b \in \mathbb{Z}$、$n \in \mathbb{N}$ として式 $a \equiv b\ (\mathrm{mod}\ n)$ は $a - b = nr, r \in \mathbb{N}$ となることであり、**a は n を法として b と合同**といいます。定理 1.4.4 の例としては、$a = 4$、$p = 3$ とすると、$4^{3-1} - 1 = 15 = 3 \times 5$ となり $4^{3-1} \equiv 1(\mathrm{mod}\ 3)$ が成り立ちます。

さて、RSA 方式とはつぎのような処理です。暗号電文の受け手は、公衆に向けて、(n, e) という公開鍵を公開します。n は 2 つの素数 p, q の積で表される自然数です（公衆は n の素因数である p, q を知りません）。e は、$(p-1)(q-1)$ より小さな数で、e と $(p-1)(q-1)$ の最大公約数が 1 となる数を選び

[9] $\zeta(s)$ は s が負の偶数で 0 になる（例えば、$\zeta(-2) = 0, \zeta(-4) = 0, \zeta(-6) = 0, \ldots$）が、これ以外で $\zeta(s)$ の零点のすべては s の実部が $\frac{1}{2}$ であるというのがリーマン予想である。

[10] 3 名の発明者 R.Rivest、A.Shamir、L.Adleman の名前にちなんで RSA 方式といわれる。

ます。送り手である公衆の電文をエンコード化した数を m とします。公衆は $m^e \equiv r \pmod{n}$ で計算される r（これが暗号電文となる）を公衆回線にのせて送ります。受け手は秘密鍵 d を $de \equiv 1 \pmod{(p-1)(q-1)}$ から計算し、この d を用いて、暗号である r から $r^d \equiv m^{de} \pmod{n}$ を求めます。ところが、$de \equiv 1 \pmod{(p-1)(q-1)}$ だから定理 1.4.4 により $m^{de-1} \equiv 1 \pmod{p}$ および $m^{de-1} \equiv 1 \pmod{q}$ を得ます。これらの式の両辺に m をかけて $m^{de} \equiv m \pmod{p}, m^{de} \equiv m \pmod{q}$ となり、結局、$m^{de} \equiv m \pmod{n}$ となり、$r^d \equiv m \pmod{n}$ のように暗号電文 r が復号されて、元の電文 m を得ることができます。

例 1.4.3　公開鍵を $n = 323, e = 95$ とします（$p = 17, q = 19$ は公衆は分かりません)。今、電文を $m = 24$ とします。$24^{95} \equiv r \pmod{323}$ より $r = 294$（24 の暗号化された数）と求まります。$95d \equiv 1 \pmod{16 \cdot 18}$ より $d = 191$ と秘密鍵を計算します。この d を用いて $294^{191} \equiv x \pmod{323}$ より $x = 24(= m)$ と求まります。

上記の処理で公衆は素因数分解が不明であるので、秘密鍵 d が分からず復号できないことになります。実際に使われている n の桁数では、例えば、軍事用暗号の場合 p, q の割り出しには現在の最高性能のコンピュータを用いても数億 ~ 数兆年を要するように設計されています。このように事実上、秘密を保持することができます。

♣ ♣ ♣ ♣ ♣ ♣ ♣ コラム ♣ ♣ ♣ ♣ ♣ ♣ ♣

実数は、代数構造でいえば体であることを§1.2で述べました。この他、実数の性質は、(1) 全順序集合[11]、(2) 連続[12]、(3) 稠密[13]があります。

下記はクロネッカーの定理といわれるものです。

クロネッカーの定理（2次元版）

定理 1.4.5 α と β は無理数で、$1, \alpha, \beta$ は有理数体に関して1次独立とする。このとき座標が α と β の倍数の小数部分であるような点の集合

$$\Big(m\alpha - [m\alpha], m\beta - [m\beta]\Big), \quad m = 1, 2, 3, \ldots \qquad (1.4.4)$$

は、単位正方形においていたるところ稠密である。

（1次独立については84頁参照してください。また、式 (1.4.4) にて [ ] の記号はガウス記号で例2.1.2を参照のこと。）挿絵 (a) は、式 (1.4.4) にて $\alpha = \sqrt{2}, \beta = \sqrt{3}, m = 1, 2, \ldots, 100$ とし、100点を描画した図です。平行四辺形 $P_1P_{16}P_{38}P_{23}$ や $P_1P_{16}P_{23}P_8$ の格子点が無限個生成される過程を表しています。また、挿絵 (b) は、クロネッカーの定理の非線形版ともいうもので、$\Big(\sin m\sqrt{2}, \cos m\sqrt{3}\Big)$、$m = 1, 2, \ldots, 10000$ とし10000点を描画したものです。m を限りなく大きくするとこの式で生成される点が正方形内を稠密に埋め尽くします。

♣ ♣ ♣ ♣ ♣ ♣ ♣ ♣ ♣ ♣ ♣ ♣ ♣ ♣ ♣ ♣ ♣

[11] $x, y \in \mathbb{R}$ に対して $x < y, x = y, x > y$ の1つだけが必ず成り立つ。

[12] 粗くいえば数直線上のおのおのの点には実数の座標が対応すること。正確にはデデキンドの連続性公理が必要。

[13] $a, b \in \mathbb{R}, a \neq b$ とすると、$a < c < b$ を満たす $c \in \mathbb{R}$ がかならず存在するときをいう。

第 2 章

関数と写像

2.1 関数

2.1.1 1 次関数

関数とは、中学校で習う 1 次関数とか三角関数などがその代表例です。数学では、関数をよく f で表します。これは、関数を意味する英語の function あるいはドイツ語の Funktion の頭文字からきています。しばしば、

$$y = f(x) \tag{2.1.1}$$

のように表します。ここで、x は変数であり、y は関数 f のとる値です。例えば、

$$f(x) = 2x - 3 \tag{2.1.2}$$

とすると、式 (2.1.1) は

$$y = 2x - 3 \tag{2.1.3}$$

となります。式 (2.1.2) の関数はよく知っているように変数 x の 1 次関数ですが、式 (2.1.3) では、関数とはいわずに x の 1 次式といいます[1]。数学用語である関数は、関数 x の**定義域**と関数がとる**値域**が**数**であり、なおかつその値を明確にしてはじ

[1] 中学校では、これも 1 次関数として教えている。

めて関数といいます。式 (2.1.2) の例のように、定義域、値域を明示的に書かなければ、両者を実数の全体にとることを暗黙のうちに仮定しています。

例 2.1.1 1次関数の身近な例を挙げておきましょう。給料の計算を考えます。一般に、給料は固定給と残業時間に比例した超過勤務手当から構成されます。固定給を b (定数)、残業時間を t とすると給料 s は残業時間 t の関数となり

$$s(t) = at + b$$

と表すことができます[2]。ここで、係数 a は残業単位時間当りの賃金です。ところで、社長などの役職につくと給料は固定給となりますね。したがって、社長の給料 $s_p(t)$ は

$$s_p(t) = c$$

となります。ここで、c は定数です。このような関数は**定数関数**と呼ばれます。□

例 2.1.2 タクシー料金を考えましょう。その料金は一般に初乗賃金と加算運賃[3]とで構成されています。したがって、東京都でのタクシー料金 c[円] は走行距離 d[m] (c, d は整数) の関数になり、つぎのように表されます。

$$c(d) = \begin{cases} 730, & d \leq 2000 \text{ の場合} \\ 90\left[\dfrac{d-2000}{280}\right] + 730, & d > 2000 \text{ の場合} \end{cases} \tag{2.1.4}$$

---

[2] 通常最大残業時間 T_m が決められているので、この関数の定義域は、$0 \leq t \leq T_m$ である。

[3] 東京都の場合、普通車で初乗賃金 730 円 (2000 m まで)、その後 280 m ごとに 90 円である。ここでは、時間距離併用制運賃は考えないことにする。

式 (2.1.4) の記号 [ ] はガウス記号といわれるもので、[ ] の数以下の最大の整数を表します。例えば、$[3.14] = 3, [-2.7] = -3$ という具合です。式 (2.1.4) はガウス記号の代わりに単なる括弧であれば、すなわち、$90\left(\dfrac{d-2000}{280}\right)+730$ ならば 1 次関数ですが、ガウス記号があるため、この式はもはや 1 次関数ではなくなり、立派な **非線形関数**[4]となります。数式は少しややこしくなりますが、しかし、ガウス記号の効果により端数が出ず、料金の支払いはスムースにいきますね。例えば、1900 m と 3590 m の料金を計算すると

$$
\begin{aligned}
&c(1900) = 730 \\
&c(3590) = 90\left[\frac{3590-2000}{280}\right] + 730 = 90 \times 5 + 730 = 1180
\end{aligned}
$$

となり、それぞれ、730 円と 1180 円と求まります。料金のグラフは図 2.1.1 のような階段状になります。□

2.1.2　2 次関数

§2.1.1 では、1 次関数について復習しました。ここでは、もう少し進めて 2 次関数に進みましょう。§2.1.1 と同様の記号を使います。すなわち、関数を f で表し、その変数を x とすると、2 次関数はつぎのように表せます。

$$
f(x) = ax^2 + bx + c \tag{2.1.5}
$$

ここで、係数 a, b, c は実数とし、定義域、値域とも全実数領域とします。この関数の最高次すなわち 2 次の項の係数 a は $a \neq 0$ とします。$a = 0$ とすると、式 (2.1.5) は 1 次関数となる

[4] 1 次関数でないものを非線形関数という。

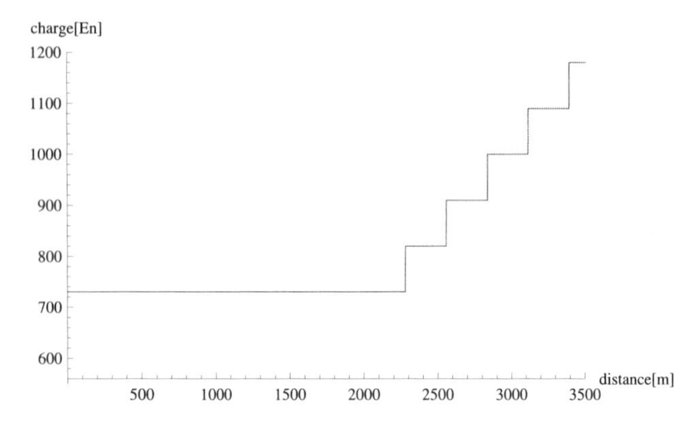

図 2.1.1　東京都のタクシー料金グラフ。横軸は走行距離、縦軸は料金を示す。

からです。したがって、$|a|$ で右辺を割り、$\dfrac{b}{|a|}$ と $\dfrac{c}{|a|}$ を改めて a, b とおくと式 (2.1.5) は

$$f(x) = x^2 + ax + b \tag{2.1.6}$$

または、

$$f(x) = -x^2 + ax + b \tag{2.1.7}$$

のいずれかになります[5]。したがって、2 次関数は式 (2.1.6) または式 (2.1.7) を評価すれば十分です。

例 2.1.3　2 次関数の身近な例としては、物体を自由落下させたときの物体の位置を表す時間の関数です。変数である時間を

[5] 式 (2.1.6) と式 (2.1.7) の f は式 (2.1.5) の f とは異なるが、右辺を f という関数にするという意味である。

t、重力加速度を g とすると物体の速度は t の関数となり

$$v(t) = gt$$

となります。鉛直下方を正の速度にしています。もし初速度を v_0 とすると

$$v(t) = gt + v_0 \tag{2.1.8}$$

となります。したがって、物体の位置を表す関数 $\ell(t)$ は式 (2.1.8) を時間で積分し（§3.3 を参照）

$$\ell(t) = \int_0^t (gs + v_0)ds = \frac{1}{2}gt^2 + v_0 t + \ell_0 \tag{2.1.9}$$

のように求まります。ここで ℓ_0 は物体の初期位置を表しており、鉛直下方を正にとっています。式 (2.1.9) は変数 t に関する 2 次関数の形をしていますね。もちろん、この物体の自由落下の位置関数は、空気抵抗がなく、また風などの外乱がない理想的な条件のもとで成立することに注意する必要があります。

□

問題 2.1.1 水平方向から仰角 $\theta[rad], 0 < \theta < \frac{\pi}{2}$ でボールを初速度 v_0 で投げたときのボールの運動を考えましょう。ボールに働く空気抵抗や風などの外乱は無視します。時間を t として、その速度 $\vec{v}(t)$ は

$$\vec{v}(t) = (v_0 \cos\theta, v_0 \sin\theta - gt) \tag{2.1.10}$$

で表せられます。式 (2.1.10) 右辺第 1 成分は水平方向の速度を表し、第 2 成分は鉛直方向の成分を表しています。鉛直成分は、上の方向を正にとっています。この各成分を時間で積分すれば、つぎのボールの位置関数 $\vec{\ell}(t)$ が得られます。

$$\vec{\ell}(t) = (v_0 \cos\theta\, t, v_0 \sin\theta\, t - \frac{1}{2}gt^2) \tag{2.1.11}$$

ここでは、初期位置は水平方向と鉛直方向の2次元平面の原点にとっています。式 (2.1.10) や式 (2.1.11) は「ベクトル値関数」といわれるもので、そのためしばしば太字で関数名を表したり、上のように関数名の上に矢印をつけたりします。ボールの描く軌跡を求めなさい。一例を図 2.1.2 に示しておきます。

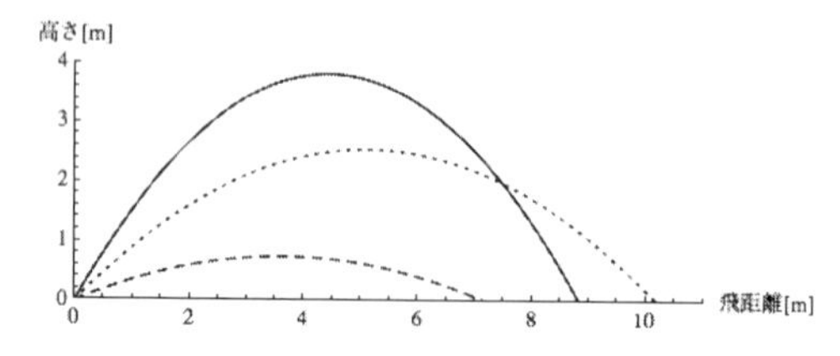

図 2.1.2 初期速度 $v_0 = 10$[m/sec] として、仰角を $\theta = \dfrac{\pi}{8}$[rad]（ダッシュ線）、$\dfrac{\pi}{4}$[rad]（破線）、$\dfrac{\pi}{3}$[rad]（実線）としたときのボールの軌跡を示す。重力加速度は、$g = 9.8$[m/sec^2] で計算。横軸は飛距離、縦軸は高さを示す。

2.1.3 逆関数とその他の関数

§2.1.1 と §2.1.2 で扱った 1 次関数や 2 次関数は**代数関数**といわれます。一般に、多項式あるいはそれの分数の形で書かれる関数、三角関数 (sin, cos, tan など)、指数関数 (exp)、対数関数 (log) などを**初等関数**といいます。図 2.1.3 に $\sin x, \cos x, \tan x, \csc x, \sec x, \cot x$ のグラフを挙げておきます。この節では、初学者が混乱しやすい逆関数を三角関数の例で示しましょう。

一般的に、関数 f の**逆関数**とはつぎのようなものです。$y = f(x)$ に対して $x = g(y)$ で $f(g(y)) = y$ かつ $g(f(x)) = x$

を満たす g が存在するとき g を f の逆関数といい、しばしば $g=f^{-1}$ と書きます。

まず sin 関数の逆関数を**逆正弦関数**といい、$x=\sin y$ を満たす y を $y=\arcsin x$ と書きます。これは図 2.1.4 のように（無限）**多価関数**になります。多価関数は一般に初等関数の部類には入れず、つぎの章 §2.2 で解説する写像の定義にも適合しません。そこで、定義域を $[-1,1]$、値域を $[-\frac{\pi}{2},\frac{\pi}{2}]$ に制限すると、この区間では **1 価関数**となり写像でいうと全単射写像（定義 2.2.4 参照）となり、これをしばしば Arcsin x と書きます。値域 $[-\frac{\pi}{2},\frac{\pi}{2}]$ を**主値**といいます。Arcsin を式で表すと

$$\text{Arcsin}\, x=\int_0^x \frac{d\varphi}{\sqrt{1-\varphi^2}} \tag{2.1.12}$$

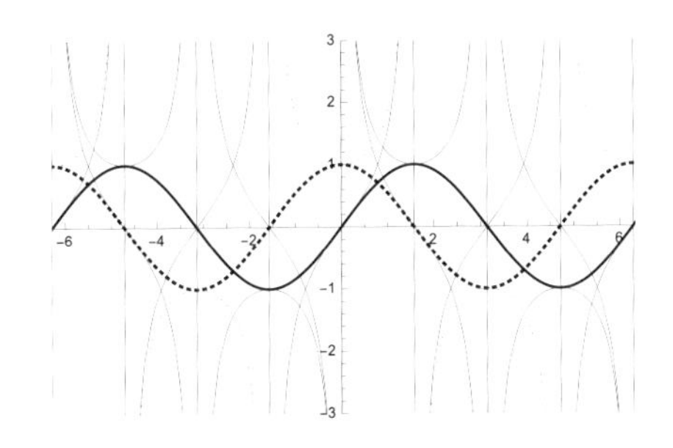

図 2.1.3　$\sin x, \cos x, \tan x, \csc x, \sec x, \cot x$ のグラフ。

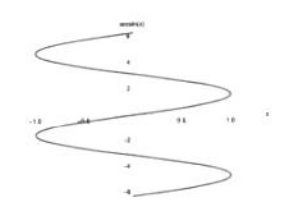

図 2.1.4　$\arcsin x$ のグラフ。

となります。

また、**逆余弦関数** $\arccos x$ は cos 関数の逆関数で、$x = \cos y$ を満たす y が $\arccos x$ です。やはりこれも多価関数になり、定義域を $[-1, 1]$、値域を $[0, \pi]$ に制限すると、この区間では 1 価関数となります。主値を $[0, \pi]$ にした逆余弦関数を Arccos と書き、式で表すと

$$\mathrm{Arccos}\, x = \int_1^x -\frac{d\varphi}{\sqrt{1-\varphi^2}} \tag{2.1.13}$$

となります。

同様に、**逆正接関数**は tan 関数の逆関数で、$x = \tan y$ を満たす y を $y = \arctan x$ と書きます。これも多価関数であり、定義域を実数全空間とし、値域を $(-\frac{\pi}{2}, \frac{\pi}{2})$ に制限すると、この区間では 1 価関数となります。主値を $[-\frac{\pi}{2}, \frac{\pi}{2}]$ にした逆正接関数

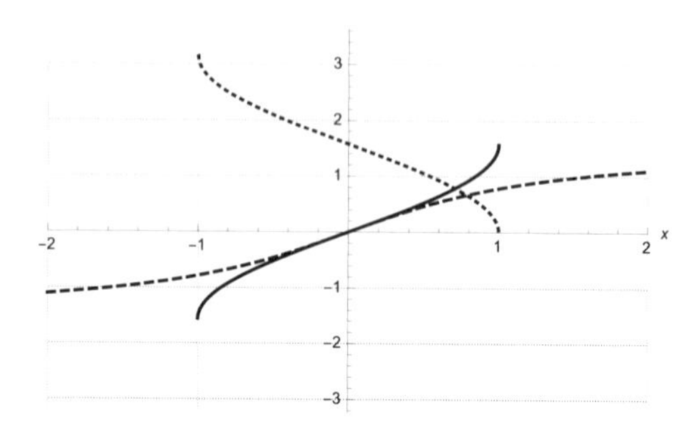

図 2.1.5　逆正弦関数 $\mathrm{Arcsin}\, x$（実線）、逆余弦関数 $\mathrm{Arccos}\, x$（点線）、逆正接関数 $\mathrm{Arctan}\, x$（破線）のグラフ。逆正接関数については定義域の一部分を示している。

を Arctan と書き、式で表すと

$$\mathrm{Arctan}\, x = \int_1^x \frac{d\varphi}{1+\varphi^2} \tag{2.1.14}$$

となります。逆正弦関数 Arcsin、逆余弦関数 Arccos、逆正接関数 Arctan のグラフを図 2.1.5 に示しておきます。

問題 2.1.2

$$\mathrm{Arcsin}\, x + \mathrm{Arccos}\, x = \frac{\pi}{2} \tag{2.1.15}$$

を示しなさい。
(ヒント：グラフを見ればほとんど明らかであるが、式 (2.1.12) と式 (2.1.13) を使う。)

最後に興味のある関数 $f(x) = \mathrm{Arcsin}(\sin x)$ のグラフを図 2.1.6 に示しておきます。これは周期 2π の**周期関数**になります。より具体的に書けば $n = 0, \pm1, \pm2, \ldots$ として、つぎのように書くことができます。

$$\begin{aligned} f(x) &= \mathrm{Arcsin}(\sin x) \\ &= \begin{cases} x - 2n\pi, & \text{for } \dfrac{4n-1}{2}\pi \leq x \leq \dfrac{4n+1}{2}\pi \\ -x + (2n+1)\pi, & \text{for } \dfrac{4n+1}{2}\pi < x < \dfrac{4n+3}{2}\pi \end{cases} \end{aligned}$$

問題 2.1.3　つぎのグラフを描きなさい。
(1) $\mathrm{Arccos}(\cos x)$,　(2) $\mathrm{Arcsin}(\cos x)$,
(3) $\mathrm{Arccos}(\sin x)$,　(4) $\mathrm{Arctan}(\tan x)$

関数には、この他初等関数では表せないものがたくさんあります。例えば、**特殊関数**といわれる楕円関数、ガンマ関数（定義 3.3.1)、ベータ関数（定義 3.3.2）などです。また、§1.4.2 で扱った、素数と密接に結びついたリーマンのゼータ関数なども

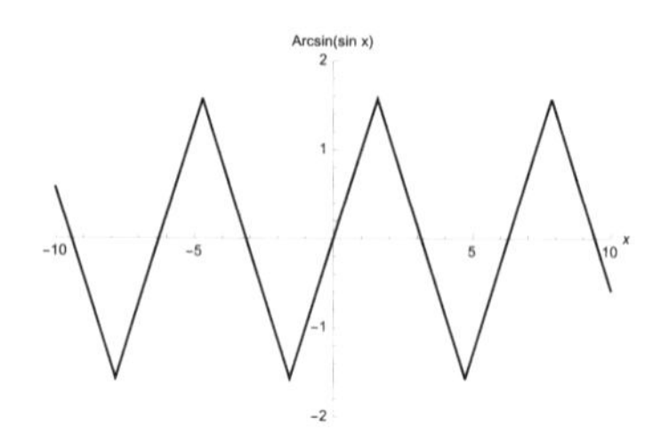

図 2.1.6　Arcsin(sin x) のグラフ。

あります。新しい関数を発見するのも数学の醍醐味です。これらは本書の範囲外ですから興味のある読者は文献 [7][8] を見てください。

2.2　写像

写像は関数の上位概念にあたるもので、つぎのように定義されます。

写像

定義 2.2.1　集合 A から集合 B への対応 f が、A の各要素に対して B の要素をただ 1 つ対応させるとき、対応 f を集合 A から集合 B への写像といい、

$$f\ :\ A \longrightarrow B \quad \text{または} \quad A \xrightarrow{f} B$$

と書きます。

写像のイメージを図 2.2.1 に示します。気づかれた読者も多いと思いますが、定義 2.2.1 で f という記号を使っています。写像は英語で map ですから本来なら m ですが、関数で使った記

号 f と同じですね。その理由は、写像は関数を包含する概念ですから同じ記号を使うことが多いのです。集合とはものの集まりですから、数値でなくても構いません。定義 2.2.1 において A, B が「数」の場合が関数となります。したがって、写像においては、集合 A, B は数でなくても構いません。文科系の分野では関数よりむしろ写像の方がなじみやすいものです。

では、具体的に写像をいくつか作って考察しましょう。

例 2.2.1　(学籍番号と氏名)

集合 A を学籍番号、集合 B を氏名とし、その対応を f とします。例えば、学籍番号の集合 A を

$$A=\{1001, 1002, 1003, 1004\}$$

とします。すなわち、学籍番号を 1001 から 1004 とします。一方、氏名の集合 B を

$$B=\{\text{青山一郎}, \text{加賀次郎}, \text{高木綾乃}, \text{吉田えりこ}\}$$

とします。集合 A から集合 B への対応 f を学籍番号の“若い”番号から順に氏名の“あいうえお”順にします。すると、写像

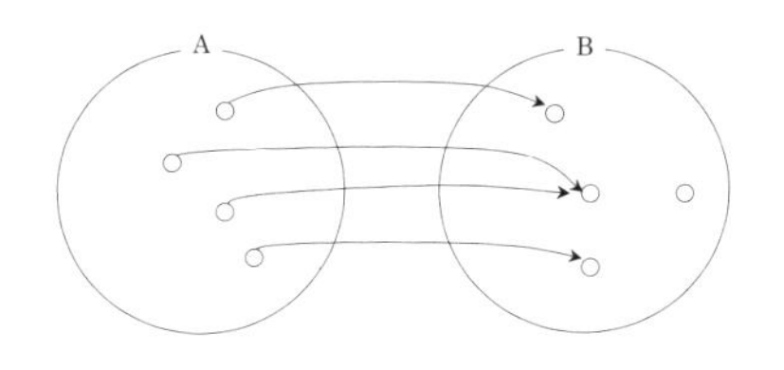

図 2.2.1　写像のイメージ図。集合 A から集合 B への写像。

f はつぎのようになります。

$$\begin{array}{rcl} A & \xrightarrow{f} & B \\ 1001 & \longrightarrow & \text{青山一郎} \\ 1002 & \longrightarrow & \text{加賀次郎} \\ 1003 & \longrightarrow & \text{高木綾乃} \\ 1004 & \longrightarrow & \text{吉田えりこ} \end{array}$$

では、その逆、すなわち、氏名から学籍番号への対応 g は

$$\begin{array}{rcl} B & \xrightarrow{g} & A \\ \text{青山一郎} & \longrightarrow & 1001 \\ \text{加賀次郎} & \longrightarrow & 1002 \\ \text{高木綾乃} & \longrightarrow & 1003 \\ \text{吉田えりこ} & \longrightarrow & 1004 \end{array}$$

のようになります。□

この対応 g は**逆写像**といわれ、$g = f^{-1}$ と書きます。学籍番号と氏名の対応である写像 f は、**全単射写像**といわれるもので、写像が全単射写像のときにはその逆写像 f^{-1} を作ることができます。

ここで、全単射写像の定義を述べますが、その前に**単射**、**全射**の定義から入らねばなりません。

単射

定義 2.2.2 写像 $f : A \longrightarrow B$ が $f(x_1) = f(x_2)$ ならば $x_1 = x_2$ という性質を持つとき単射という。

全射

定義 2.2.3 写像 $f : A \longrightarrow B$ が任意の元 $y \in B$ に対して $y = f(x)$ となる元 $x \in A$ が存在するという性質を持つとき全射という。

全単射写像

定義 2.2.4 写像 $f : A \longrightarrow B$ が単射かつ全射となる写像を全単射写像という。

例 2.2.1 は、単射かつ全射の性質を持つので全単射写像となります。しかし、もし同性同名が入る場合には全単射写像にはなり得ず、全射になります。

写像は関数とよく似ていますが、集合 A, B は数でなくても構いません。

もう一つ例を挙げましょう。つぎの例は、「くだもの」と「さかな」の対応です。

例 2.2.2 (「くだもの」と「さかな」と「やさい」)

集合 A を

$$A=\{\text{りんご, たい}\}$$

とし、集合 B を

$$B=\{\text{くだもの, さかな, やさい}\}$$

とします。このとき、集合 A から集合 B への写像 h を考えま

しょう。写像 h の対応関係は

$$
\begin{array}{rcl}
A & \xrightarrow{h} & B \\
\text{りんご} & \longrightarrow & \text{くだもの} \\
\text{たい} & \longrightarrow & \text{さかな} \\
 & \longrightarrow & \text{やさい}
\end{array}
$$

となります。□

例 2.2.2 の写像 h は単射ですが、全射にはなりません。したがって、この写像 h には逆写像がありません。しかし、{ くだもの, さかな } $\subset B$ という部分集合に対しては

$$h^{-1}(\text{くだもの}) = \text{りんご}$$

や

$$h^{-1}(\text{さかな}) = \text{たい}$$

という**逆像**は考えることができます。

問題 2.2.1　集合 A, B とも $[0,1]$ とする。写像 $f : A \longrightarrow B$ で
(1) $f : x \longrightarrow x$　(2) $f : x \longrightarrow \dfrac{1}{2}x$
(3) $f : x \longrightarrow -4\left(x-\dfrac{1}{2}\right)^2+1$
(4) $f : x \longrightarrow -2\left(x-\dfrac{1}{2}\right)^2+\dfrac{1}{2}$
のそれぞれの写像の種類を求めなさい。

問題 2.2.2　全単射写像の日常の例はたくさんあります。例えば、単位変換などはよい例でしょう。
(1) A を単位が cm（センチメーター）の数値の集合 $\mathbb{R}^+$ とし、B を単位が inch（インチ）の数値の集合 $\mathbb{R}^+$ とするとき、具体

的な写像 $f : A \to B$ を書きなさい。

(2) (1) の逆写像を書きなさい。

第3章

微分・積分

3.1 微分

ニュートンやライプニッツによって確立された微分の概念は、日常生活とも密接な関係にあります。例えば、車の速さは移動距離を移動時間で割ることで求まりますが、瞬間の速さこそが微分です。特に、微分方程式は日常生活の多くの現象を記述する方程式であり、物理学のみならず、生物学や経済学など、多くの分野に広く応用されます。まずは、微分の定義から見ていきましょう [9]。

3.1.1 微分の定義

関数 f が開区間[1] I 上で定義されているとします。また、独立変数を x とします。$a \in I$ に対して

$$\lim_{h \to 0} \frac{f(a+h) - f(a)}{h} \tag{3.1.1}$$

が存在するときに、これを $f'(a)$ で表し、関数 f の $x = a$ における**微分係数**といい、関数 f は $x = a$ で**微分可能である**といいます。また、f が区間 I 上の任意の a で微分可能である

[1] 開区間は例えば、$(a, b) = \{x \mid a < x < b\}$ を意味する。$[a, b] = \{x \mid a \leq x \leq b\}$ は閉区間といい、$[a, b)$ や $(a, b]$ は半開区間という。

とき、I 上で微分可能であるといいます。$x \in I$ に対して

$$f'(x) = \lim_{h \to 0} \frac{f(x+h) - f(x)}{h} \tag{3.1.2}$$

を $f(x)$ の **導関数** といいます。そして導関数を求めることを**微分する**といいます。$y = f(x)$ の導関数を $f'(x)$ の代わりに $\frac{dy}{dx}$ や y'、$\frac{df}{dx}$ などの記号を用いて表すこともあります。

例 3.1.1　ある車の時刻 t における出発地点からの移動距離は $u(t)$ は $u(t) = t^2$ で与えられているとします。このとき、$t = 10$ のときの瞬間の速さ $u'(10)$ [2]を求めるとつぎのようになります。

$$\begin{aligned} u'(10) &= \lim_{h \to 0} \frac{u(10+h) - u(10)}{h} \\ &= \lim_{h \to 0} \frac{(10+h)^2 - 10^2}{h} \\ &= \lim_{h \to 0} \frac{h(20+h)}{h} \\ &= \lim_{h \to 0} (20+h) = 20 \end{aligned}$$

□

問題 3.1.1　関数 f が $x = a$ で微分可能であるならば、f は $x = a$ で連続です。このことを証明しなさい[3]。

関数 f を連続関数としましょう。$b = a + h$ とおくと 式 (3.1.1) は

$$\lim_{b \to a} \frac{f(b) - f(a)}{b - a} \tag{3.1.3}$$

---

[2] 物理学では、独立変数 t を時間としてとらえたときに、$u'(t)$ の代わりに $\dot{u}(t)$ という記号を用います。

[3] 関数 f が $x = a$ で連続とは $\lim_{x \to a} f(x) = f(a)$ が成り立つことをいいます。

と表されます。$\dfrac{f(b)-f(a)}{b-a}$ は曲線 $y=f(x)$ 上の 2 点 $A(a,f(a)), B(b,f(b))$ を結んだ線分 AB の傾きであるので、$b\to a$ とすることにより式 (3.1.3) は点 A における曲線 $y=f(x)$ の接線の傾きと解釈できます。すなわち微分係数 $f'(a)$ は点 A における曲線 $y=f(x)$ の接線の傾きとなります。

例 3.1.2　連続関数 $f(x)=|x|$ は $x=0$ で微分可能でしょうか。この関数の右側極限は

$$\lim_{h\to+0}\frac{f(0+h)-f(0)}{h}=\lim_{h\to+0}\frac{|h|-|0|}{h}=\lim_{h\to+0}1=1$$

となり、一方で左側極限は

$$\lim_{h\to-0}\frac{f(0+h)-f(0)}{h}=\lim_{h\to-0}\frac{|h|-|0|}{h}=\lim_{h\to-0}-1=-1$$

となります。したがって右側極限と左側極限の値が一致しません。したがって、$x=0$ でこの関数は微分可能ではありません[4]。□

このように
連続関数 $f(x)$ は $x=0$ で微分可能
　　$\Leftrightarrow$ 曲線 $y=f(x)$ は点 $(0,f(0))$ の周囲でなめらか
連続関数 $f(x)$ は $x=0$ で微分不可能
　　$\Leftrightarrow$ 曲線 $y=f(x)$ は点 $(0,f(0))$ の周囲でなめらかでない
と解釈することができます。

問題 3.1.2　つぎの関数 f,g はそれぞれ $x=0$ で微分可能か判定しなさい。

[4] 極限を求めなくても、$x>0$ のとき $f(x)=x$ となり曲線 $y=f(x)$ は傾き 1 の直線ですし、$x<0$ のとき $f(x)=-x$ となり曲線 $y=f(x)$ は傾き -1 の直線ですので、このことは分かりますね。

(1) $f(x) = |x|x$

(2) $g(x) = |x|(x-1)$

例 3.1.3 つぎの関数を考えてみましょう。

関数 $H(x) = \begin{cases} 1 & (x \geq 0) \\ 0 & (x < 0) \end{cases}$ は $x = 0$ で微分可能でしょうか[5]。

右側極限と左側極限は、それぞれつぎのように計算できます。

$$\lim_{h \to +0} \frac{f(0+h) - f(0)}{h} = \lim_{h \to +0} \frac{1-1}{h} = 0$$
$$\lim_{h \to -0} \frac{f(0+h) - f(0)}{h} = \lim_{h \to -0} \frac{0-1}{h} = \infty$$

よって、$x = 0$ で微分可能でないことが示されました[6]。□

例 3.1.2 と例 3.1.3 での 2 つの関数は、共に $x = 0$ で微分不可能ですが、$x \neq 0$ では微分可能な関数です。ただ 1 つの点で微分不可能なだけで「微分不可能な関数」の仲間になってしまうのでは、何かと不都合です。そこで、**弱い意味の微分** という概念があります。詳しくは §A.2 を参照してください。

3.1.2 微分における種々の公式

さて、主な関数とその導関数について表 3.1.1 にまとめておきます。

これらはいろいろな場面で頻繁に登場する基本的な関数で

---

[5] この関数を**ヘビサイド関数**といいます。例えば、制御工学で対象プラントのステップ応答を観測するときの入力として、この関数を使います。また、この関数のラプラス変換は $\dfrac{1}{s}$ となります（§5.2.5 参照）。

[6] この関数 $H(x)$ は、そもそも $x = 0$ で不連続です。命題「関数 $f(x)$ が $x = a$ で微分可能ならば、$x = a$ で連続である。」は真ですので、その対偶である「関数 $f(x)$ が $x = a$ で連続でないならば, $x = a$ で微分可能でない。」も真となります。

表 3.1.1 主な関数とその導関数

関数 $f(x)(=\int f'(x)\,dx)$	導関数 $f'(x)$
x^a	ax^{a-1}
a^x	$a^x \log a \ (a > 0, a \neq 1)$
e^x	e^x
$\log_a x$	$\dfrac{1}{x \log a} \ (a > 0, a \neq 1)$
$\log x$	$\dfrac{1}{x}$
$\sin x$	$\cos x$
$\cos x$	$-\sin x$
$\tan x$	$\dfrac{1}{\cos^2 x}$
$\arcsin x$	$\dfrac{1}{\sqrt{1-x^2}}$
$\arccos x$	$-\dfrac{1}{\sqrt{1-x^2}}$
$\arctan x$	$\dfrac{1}{1+x^2}$

す。一度は、自らの手で計算して確かめることが肝要です。つぎに挙げるのは微分に関するいくつかの公式ですが、これらを駆使することにより複雑な形をした関数の微分を比較的容易に求めることができます。関数 f, g はともに開区間 I 上で微分可能であるとします。

- 線形性（k, ℓ は定数）

$$(kf(x) + \ell g(x))' = kf'(x) + \ell g'(x) \tag{3.1.4}$$

● 積の微分の公式

$$(f(x)g(x))' = f'(x)g(x) + f(x)g'(x) \tag{3.1.5}$$

例 3.1.4　$(x \sin x)' = \sin x + x \cos x$　□

● 商の微分の公式

$$\left(\frac{f(x)}{g(x)}\right)' = \frac{f'(x)g(x) - f(x)g'(x)}{(g(x))^2} \tag{3.1.6}$$

● 合成関数の微分の公式

$$\{f(g(x))\}' = f'(g(x))\,g'(x) \tag{3.1.7}$$

$g(x) = u$ とおくと、$y = f(g(x)) = f(u)$ となり、式 (3.1.7) はつぎの形でも表すことができます。

$$\frac{dy}{dx} = \frac{dy}{du} \cdot \frac{du}{dx} \tag{3.1.8}$$

例 3.1.5　$\left((2x-3)^5\right)' = 5(2x-3)^4 \cdot 2 = 10(2x-3)^4$　□

● 媒介変数表示された関数の微分の公式
$x = f(t),\ y = g(t)$ と表され、$f(t), g(t)$ がそれぞれ t に関して微分可能であるとき、

$$\frac{dy}{dx} = \frac{\dfrac{dy}{dt}}{\dfrac{dx}{dt}} = \frac{g'(t)}{f'(t)} \tag{3.1.9}$$

例 3.1.6　サイクロイド[7]は r を定数として $x = r(\theta - \sin\theta)$, $y = r(1 - \cos\theta)$ と媒介変数 θ を用いて表示されますので、

$$\frac{dy}{dx} = \frac{\sin\theta}{1 - \cos\theta}$$

となります。□

• 逆関数[8]の微分の公式

関数 $y = f(x)$ が逆関数 $x = f^{-1}(y)$ を持つと仮定すると

$$\frac{dy}{dx} = \frac{1}{\frac{dx}{dy}} \tag{3.1.10}$$

例 3.1.7　$y = \arctan x$ の導関数を求めてみましょう。$x = \tan y$ であるので、両辺を y で微分して

$$\frac{dx}{dy} = \frac{1}{\cos^2 y} = 1 + \tan^2 y = 1 + x^2$$

したがって、

$$\frac{dy}{dx} = \frac{1}{\frac{dx}{dy}} = \frac{1}{1 + x^2}$$

□

• 陰関数の微分

つぎの例を用いて述べましょう。

例 3.1.8　方程式

$$y^2 + 2xy = 3 \tag{3.1.11}$$

[7] 定直線に沿って円がなめらかに回転するときの円周上の定点の軌跡のこと。

[8] 逆関数については §2.1.3 を参照のこと。

においては x を 1 つ決めると式を満たす y が 2 つ存在します。このとき、y は x の **2 価関数**であるといいます。このときも今までと同様に y は x の関数として微分することができます。合成関数の微分の公式より、

$$\frac{dy^2}{dx} = \frac{dy^2}{dy}\frac{dy}{dx} = 2y\frac{dy}{dx}$$

であるので、これと積の微分の公式より式 (3.1.11) の両辺を x で微分すると

$$2yy' + 2(y + xy') = 0$$

となり、$y' = -\dfrac{y}{x+y}$ を得ます[9]。□

例 3.1.9 (正弦関数と余弦関数の微分)

$$\sin x := \sum_{n=1}^{\infty} \frac{(-1)^{n-1}}{(2n-1)!} x^{2n-1}, \quad \cos x := \sum_{n=0}^{\infty} \frac{(-1)^n}{(2n)!} x^{2n}$$

であるので[10]、項別微分 ($\left(\sum_{n=1}^{\infty} f_n(x)\right)' = \sum_{n=1}^{\infty} f_n'(x)$ することによって、

$$(\sin x)' = \sum_{n=1}^{\infty} \frac{(-1)^{n-1}}{(2n-2)!} x^{2n-2} = \cos x$$

$$(\cos x)' = \sum_{n=1}^{\infty} \frac{(-1)^{n+1}}{(2n-1)!} x^{2n-1} = -\sin x$$

を得ます。□

---

[9] 式 (3.1.11) は変形すると $x = \dfrac{-y^2+3}{2y}$ となるので、これから $\dfrac{dx}{dy}$ を求め、逆関数の微分の公式を用いる解法もある。

[10] 正弦関数と余弦関数のマクローリン展開表示である。詳しくは §4 を参照のこと。

問題 3.1.3 正弦関数 $f(x) = \sin x$ に対して、定義 $f'(x) = \lim_{h \to 0} \dfrac{f(x+h) - f(x)}{h}$ を用いて、その導関数を求めなさい。（ヒント：$\lim_{x \to 0} \dfrac{\sin x}{x} = 1$ を用います[11]。）

3.1.3 ロピタルの定理

例えば、関数の極限を求める方法はいろいろありますが、ここではロピタルの定理を紹介します。

ロピタルの定理

定理 3.1.1 関数 f, g は $x = a$ を含む区間で微分可能であるとする。このとき、

$$\lim_{x \to a} f(x) = \lim_{x \to a} g(x) = 0 \text{ または } \infty$$

であるとき、$\lim_{x \to a} \dfrac{f'(x)}{g'(x)}$ が存在するならば、つぎの等式が成り立つ。

$$\lim_{x \to a} \frac{f(x)}{g(x)} = \lim_{x \to a} \frac{f'(x)}{g'(x)}$$

なお、$x \to a$ のところを $x \to \infty$ に変えても、同様の結果が成立する。

例 3.1.10 $\lim_{x \to +0} x^x$ を求めましょう。$y = x^x$ $(x > 0)$ とおき、

[11] 中学までの角度を測る単位である度数法では成り立たない。弧度法で成り立つ。

両辺の自然対数をとると $\log y = \log x^x = x \log x$ となり、

$$\lim_{x\to+0} \log y = \lim_{x\to+0} \frac{\log x}{\frac{1}{x}} = \lim_{x\to+0} \frac{\frac{1}{x}}{-\frac{1}{x^2}} = \lim_{x\to+0}(-x) = 0 = \log 1$$

したがって、$\lim_{x\to+0} x^x = 1$ を得ます。□

3.1.4　応用

例 3.1.11　（共振現象）
天井からバネを介してつり下げられた質量 m の重りの運動を考えます。バネの復元力（バネ定数）を k とします。また、時刻 t における重りの位置を $u(t)$ とし、重りに加わる外力を $F_0 \cos \phi t$ とします。このとき、フックの法則およびニュートンの運動の第 2 法則により次式が成り立ちます。（詳しくは §5.2.2 を参照してください。）

$$mu''(t) = -ku(t) + F_0 \cos \phi t \tag{3.1.12}$$

式 (3.1.12) は $u(t)$ を未知関数とする微分方程式です。両辺を m で割り $\omega = \sqrt{\dfrac{k}{m}}$ とおくとつぎの形で表されます。

$$u''(t) + \omega^2 u(t) = \frac{F_0}{m} \cos \phi t \tag{3.1.13}$$

この微分方程式の解はつぎのようになります。

$$u(t) = \begin{cases} A \sin \omega t + B \cos \omega t + \dfrac{F_0/m}{\omega^2 - \phi^2} \cos \phi t, & \phi \neq \omega\text{の場合} \\ A \sin \omega t + B \cos \omega t + \dfrac{F_0/m}{2\omega} t \sin \omega t, & \phi = \omega\text{の場合} \end{cases} \tag{3.1.14}$$

ここで、A, B は初期条件によって決まる定数です。式 (3.1.14)

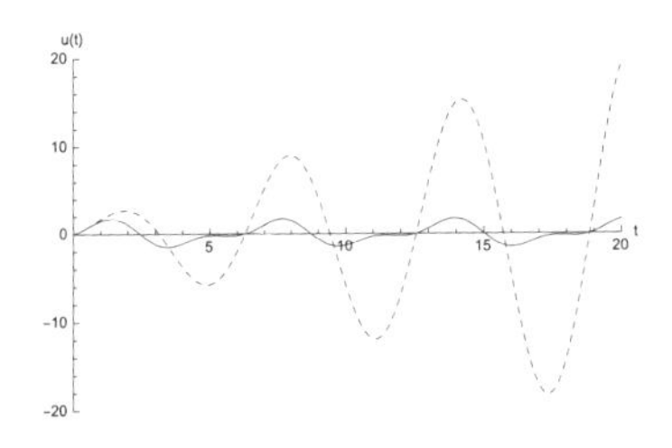

図 3.1.1　式 (3.1.12) にて $m = 1, k = 1$ とし、すなわち、固有振動数を $\omega = 1$ とし、外力の振動数を $\phi = 1$（破線）と $\phi = 2$ (実線) としたときの解の時間発展を示している。なお、$F_0 = 2$ とし、初期値は $u(0) = 0, u'(0) = 1$ として式 (3.1.12) を直接シミュレーションした結果。

をグラフで表すと図 3.1.1 のようになります。$\phi \neq \omega$ の場合は周期関数ですが、$\phi = \omega$ の場合は t が増えるにつれて振幅が増大することが分かります。これこそが共振現象です。すなわち、系の持つ固有振動数 ω と外力の振動数 ϕ が等しくなると、時間とともに振幅が増大します。現実には、$\phi = \omega$ とならなくても $\phi \approx \omega$ ならば、係数の分母がごく小さくなり、結果として大きな振幅を引き起こし、系自体を破壊するに至ります。諸説ありますが、1940 年の米国タコマナローズ橋の崩壊は共振現象の例としてしばしば挙げられています。□

問題 3.1.4　式 (3.1.14) が 式 (3.1.13) を満たすことを確認しなさい。

3.2 不定積分

本節では微分の逆演算である不定積分を説明します。次節の定積分とは本来は全く別の概念です。

さて、微分可能な関数 $F(x)$ が $F'(x) = f(x)$ を満たすならば、C を任意の定数とするときに、$(F(x)+C)' = f(x)$ が成り立ちます。このとき $F(x)+C$ を $f(x)$ の**原始関数**または**不定積分**といい、

$$\int f(x)\,dx = F(x) + C$$

と表します。C を**積分定数**といいます。

主な関数の微分について §3.1.2 で紹介しました。微分の逆演算が不定積分ですので、35 頁の表を再び今度は右から左へと読めば、それが主な関数の不定積分の表になります。

微分のときと同様に、不定積分に関するいくつかの公式を挙げておきましょう。

- 線形性（k, ℓ は定数）

$$\int (kf(x) + \ell g(x))\ dx = k\int f(x)\,dx + \ell\int g(x)\,dx$$

- 置換積分法

$$\int f(x)\,dx = \int f(\phi(t))\,\phi'(t)\,dt \quad (x = \phi(t))$$

例 3.2.1　$x = \sin t$ と置換して、つぎを得ます。

$$\int \sin^5 t\cos t\,dt = \int x^5\frac{dx}{dt}\,dt = \int x^5\,dx = \frac{1}{6}\sin^6 t + C \qquad \square$$

- 部分積分法

$$\int f(x)g'(x)\,dx = f(x)g(x) - \int f'(x)g(x)\,dx$$

例 3.2.2

$$\int x \log x \, dx = \int \log x \left(\frac{1}{2}x^2\right)' \, dx = \frac{1}{2}x^2 \log x - \frac{1}{4}x^2 + C \qquad \square$$

問題 3.2.1　次の等式を証明しなさい。

$$\int e^{ax} \sin bx \, dx = \frac{e^{ax}}{a^2 + b^2}(a \sin bx - b \cos bx) + C \quad (3.2.1)$$

$$\int e^{ax} \cos bx \, dx = \frac{e^{ax}}{a^2 + b^2}(a \cos bx + b \sin bx) + C \quad (3.2.2)$$

3.3　定積分

不定積分は微分の逆演算でした。一方で定積分は本質的には面積の計算です。一見すると別々の概念である不定積分と定積分ですが、**微積分学の基本定理**によって見事に関連付けされます。

3.3.1　定積分の定義

関数 f を閉区間 $[a, b]$ 上で定義された有界な[12]関数であるとします。はじめに、$f(x) \geq 0$ とします。

$$a = x_0 < x_1 < x_2 < \cdots < x_{n-1} < x_n = b$$

となるように、x 軸上に点 $x_0, x_1, x_2, \cdots, x_{n-1}, x_n$ をとります。このとき、$\Delta_n = \{x_0, x_1, x_2, \cdots, x_{n-1}, x_n\}$ を 関数 $f(x)$ の区間 $[a, b]$ における **分割** といいます。また、x_i $(i = 0, 1, \cdots n)$ を分

[12] ある正数 M が存在して、任意の $x \in [a, b]$ に対して $|f(x)| \leq M$ が成り立つときに、関数 f は有界であるという。

割 Δ_n の分点といいます。分点の間にさらに分点をとって得られる分割を分割 Δ_n の **細分** といいます。

$$|\Delta_n| := \max\{x_i - x_{i-1}\ ;\ i = 1, 2, \cdots n\} \tag{3.3.1}$$

を 分割 Δ_n の**幅**といいます。さらに、

$$M_i = \sup_{x_{i-1} \leq x \leq x_i} \{f(x)\} \tag{3.3.2}$$

$$m_i = \inf_{x_{i-1} \leq x \leq x_i} \{f(x)\} \tag{3.3.3}$$

$$S^+(f, \Delta_n) = \sum_{i=1}^{n} M_i(x_i - x_{i-1}) \tag{3.3.4}$$

$$s^-(f, \Delta_n) = \sum_{i=1}^{n} m_i(x_i - x_{i-1}) \tag{3.3.5}$$

とします[13]。図 3.3.1 を参考にしてください。Δ_{n+j} $(j \geq 1)$ を

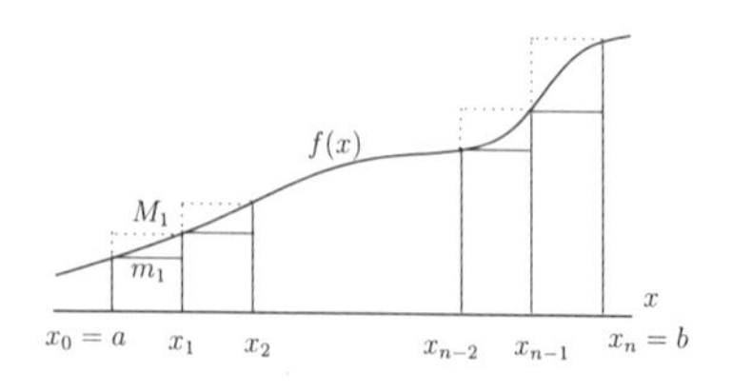

図 3.3.1 定積分の定義：分割と分点、M_i を破線、m_i を実線で示す。実線で囲われた部分が s^- となり、その上に破線で囲われた部分が上乗せされ S^+ となる。

[13] S^+、s^- をそれぞれ過剰和、不足和という。

Δ_n の細分とするとき、次の不等式が成り立ちます。

$$s^-(f,\Delta_n) \leq s^-(f,\Delta_{n+j}) \leq S^+(f,\Delta_{n+j}) \leq S^+(f,\Delta_n) \quad (3.3.6)$$

このように分点を増やすことによって構成する分割の列 $\{\Delta_n\}$ だけを考えましょう。さて、

$$\lim_{|\Delta_n|\to 0} s^-(f,\Delta_n) = \lim_{|\Delta_n|\to 0} S^+(f,\Delta_n) = S$$

が成り立つとき、すなわち $\lim_{n\to\infty} |\Delta_n| = 0$ を満たす任意の分割の列 $\{\Delta_n\}$ に対して、数列 $\{S^+(f,\Delta_n)\}_{n=1}^{\infty}$, $\{s^-(f,\Delta_n)\}_{n=1}^{\infty}$ が同じ値 S に収束し、しかも S は分割列 $\{\Delta_n\}$ の取り方によって変化しないときに、**関数 f は閉区間 $[a,b]$ 上で積分可能**といい[14]、記号

$$\int_a^b f(x)\,dx$$

で表し、x が a から b まで動くときの **定積分** といいます。

上では $f(x) \geq 0$ という制約の元で定積分を定義しました。つぎに、この制約を取り除いた関数 f に対して定積分を定義します。記号

$$f^+(x) := \max\{f(x),0\}, \quad f^-(x) := \max\{-f(x),0\}$$

を用いると、

$$f(x) = f^+(x) - f^-(x), \quad f^+(x) \geq 0, \ f^-(x) \geq 0$$

と表されます。$\int_a^b f^+(x)\,dx$ および $\int_a^b f^-(x)\,dx$ が積分可能であるとき、これを用いて

$$\int_a^b f(x)\,dx := \int_a^b f^+(x)\,dx - \int_a^b f^-(x)\,dx$$

---

[14] より正確には、**リーマン積分可能**という。

とします。このとき、つぎの定理が成り立ちます。

積分可能条件

定理 3.3.1　関数 $f(x)$ が区間 $[a,b]$ 上定義された連続関数ならば、$f(x)$ は $[a,b]$ 上で積分可能である。

例 3.3.1　$S = \int_0^1 x\,dx$ を求めてみましょう。分割を

$$\Delta_n = \left\{0 = \frac{0}{n}, \frac{1}{n}, \frac{2}{n}, \cdots, \frac{n}{n} = 1\right\}$$

とします。この分割は $\lim_{n\to\infty} |\Delta_n| = 0$ を満たします。このとき、$M_i = \frac{i}{n}$ であるので、

$$S^+(f,\Delta_n) = \sum_{i=1}^{n} \frac{i}{n}\cdot\frac{1}{n} = \frac{1}{n^2}\sum_{i=1}^{n} i = \frac{1}{n^2}\cdot\frac{n(n+1)}{2} = \frac{n+1}{2n}$$

となります。したがって、

$$\int_0^1 x\,dx = \lim_{n\to\infty} S^+(f,\Delta_n) = \frac{1}{2}$$

を得ます。□

問題 3.3.1　上の例で、$s^-(f,\Delta_n)$ を求めて、$\lim_{n\to\infty} s^-(f,\Delta_n) = \lim_{n\to\infty} S^+(f,\Delta_n)$ であることを確認しなさい。

問題 3.3.2　上の例を参考にして、$\int_0^1 x^2\,dx$ を求めなさい。ただし、$\sum_{i=1}^{n} i^2 = \frac{n(n+1)(2n+1)}{6}$ です。

3.3.2 定積分と面積

$y = f(x)$ が区間 $[a, b]$ 上で連続な非負値関数であるとき、$S^+(f, \Delta_n)$、$s^-(f, \Delta_n)$ はそれぞれ曲線 $y = f(x)$ を上からと下からではさんだ n 個の長方形の面積であると言い換えることができます。したがってその極限である $S = \int_a^b f(x)\,dx$ は曲線 $y = f(x)$ と 3 直線 $x = a, x = b, y = 0$ で囲まれた図形の**面積**を表すと解釈できます。

関数 f が必ずしも区間 $[a, b]$ 上で連続でなくとも、**不連続点が有限個** であれば、積分可能です。例えば、関数 $f(x) = [x]$ [15]の区間 $[0, 3]$ 上の積分を面積で考えると

$$\int_0^3 f(x)\,dx = \int_0^1 0\,dx + \int_1^2 1\,dx + \int_2^3 2\,dx = 3$$

と求まります。

例 3.3.2 つぎの関数は区間 $[0, 1]$ 上で積分可能でしょうか。この関数を**ディリクレ関数** といいます。

$$f(x) = \begin{cases} 1 & (x : \text{有理数}) \\ 0 & (x : \text{無理数}) \end{cases}$$

この関数では、どんな分割 $\Delta_n = \{x_0, x_1, \cdots, x_n\}$ を考えようとも、$M_i = 1, m_i = 0\ (i = 1, 2, \cdots, n)$ であるので[16]、

$$0 = \lim_{|\Delta_n| \to 0} s^-(f, \Delta) \neq \lim_{|\Delta_n| \to 0} S^+(f, \Delta) = 1$$

となり、積分可能ではありません。□

---

[15] $[x]$ は例 2.1.2 で出てきたガウス記号である。

[16] 有理数および無理数は実数において稠密であることを用いている。（13 頁参照）

また、定積分の定義においては、区間 $[a,b]$ $(a<b)$ 上での関数を考えました。この $a<b$ という制約を外すために、次の定義を与えておきます。

$$\int_a^a f(x)\,dx := 0, \quad \int_b^a f(x)\,dx := -\int_a^b f(x)\,dx$$

3.3.3 定積分における種々の公式

以上の準備のもとに、以下の性質が示されます。

- 線形性（k, ℓ は定数）

$$\int_a^b (kf(x)+\ell g(x))\,dx = k\int_a^b f(x)\,dx + \ell\int_a^b g(x)\,dx$$

- 積分区間の分割

$$\int_a^b f(x)\,dx = \int_a^c f(x)\,dx + \int_c^b f(x)\,dx$$

- 積分の平均値の定理

関数 f が区間 $[a,b]$ 上で連続ならば、

$$\int_a^b f(x)\,dx = (b-a)f(c)$$

を満たす $c \in (a,b)$ が少なくとも1つ存在します。

- 置換積分法

$f(x)$ は $[a,b]$ で連続、$\phi(t)$ は $[\alpha,\beta]$（または $[\beta,\alpha]$）で微分可能で $\phi'(t)$ は連続であるとする。このとき、$a=\phi(\alpha),\ b=\phi(\beta)$ ならば

$$\int_a^b f(x)\,dx = \int_\alpha^\beta f(\phi(t))\phi'(t)\,dt \quad (x=\phi(t))$$

（$\phi(t)$ の値域は $[a,b]$ に含まれるとする。）

- 部分積分法

$$\int_a^b f(x)g'(x)\,dx = [f(x)g(x)]_a^b - \int_a^b f'(x)g(x)\,dx$$

- 広義積分

　積分範囲が $[0,\infty)$ の場合には

$$\int_0^\infty f(x)\,dx := \lim_{R\to\infty}\int_0^R f(x)\,dx$$

で定義します[17]。

例 3.3.3 $\displaystyle\int_0^\infty e^{-x}dx = \lim_{R\to\infty}\int_0^R e^{-x}dx = \lim_{R\to\infty}(-e^{-R}+1) = 1$

□

また、開区間の場合にも開区間に含まれる閉区間の上で積分を考え、その極限で開区間上の積分とします。

例 3.3.4

$$\int_0^1 \frac{1}{\sqrt{x}}\,dx = \lim_{\epsilon\to+0}\int_\epsilon^1 \frac{1}{\sqrt{x}}\,dx = \lim_{\epsilon\to+0}(2\sqrt{1}-2\sqrt{\epsilon}) = 2$$

□

このように広義積分では、分割の細分化と範囲の拡張という 2 つの極限操作を用いるので扱いにくいものとなっています。この点、§3.4 で扱うルベーグ積分はこのような広義積分を用いなくとも積分値を得ることができます。

　この節での最後に**微積分学の基本定理**を述べておきます。

[17] 有界閉集合 $[0,R]$ の上では積分が定義できる（右辺）ので、その極限値を使おうということ。

微積分学の基本定理

定理 3.3.2 関数 $f(x)$ は区間 $[a,b]$ で連続であるとする。このとき、つぎが成立する。
(1) $F(x) = \int_a^x f(t)\,dt$ とすると、$F(x)$ は $[a,b]$ で微分可能で、

$$F'(x) = f(x)$$

(2) $G(x)$ を $f(x)$ の任意の原始関数とすると、

$$\int_a^b f(x)\,dx = G(b) - G(a)$$

通常、高校では (2) を定積分の定義として用いています。また右辺を記号 $[G(x)]_a^b$ で表します。
［証明］(1) 積分の平均値の定理を用います。c を $x < c < x+h$ $(h>0)$ となる数とし、$F'(x)$ を定義に従って計算すると

$$\begin{aligned}\lim_{h\to+0}\frac{F(x+h)-F(x)}{h} &= \lim_{h\to+0}\frac{1}{h}\left(\int_a^{x+h} f(t)\,dt - \int_a^x f(t)\,dt\right)\\ &= \lim_{h\to+0}\frac{1}{h}\int_x^{x+h} f(t)\,dt\\ &= \lim_{h\to+0}\frac{1}{h}(x+h-x)f(c)\end{aligned}$$

となり、ここで、$h \to +0$ のとき $c \to x$ になるので、結局上式右辺は $f(x)$ となります。したがって $F'(x) = f(x)$ を得ます。なお、$h<0$ のときも同様に証明できます。
(2) (1) より $F(x) = \int_a^x f(t)\,dt$ は $f(x)$ の原始関数であることが示されました。また、$G(x)$ を $f(x)$ の任意の原始関数とす

ると $G(x) = F(x) + C$ が成り立ちます。したがって、

$$\begin{aligned}G(b) - G(a) &= F(b) + C - (F(a) + C) = F(b) - F(a)\\&= \int_a^b f(t)\,dt - \int_a^a f(t)\,dt\\&= \int_a^b f(t)\,dt - 0 = \int_a^b f(x)\,dx\end{aligned}$$

となり、定理の主張が証明されました。■

3.3.4　定積分で定義される関数

この節では、定積分で定義される関数で応用上重要なものを2、3紹介しておきます。

ガンマ関数

定義 3.3.1　$s > 0$ のとき、

$$\Gamma(s) := \int_0^\infty e^{-x}x^{s-1}\,dx$$

を**ガンマ関数**という。

$\Gamma(s+1)$ を計算すると

$$\begin{aligned}\Gamma(s+1) &= \int_0^\infty e^{-x}x^s\,dx = \lim_{R\to\infty}[-e^{-x}x^s]_0^R + s\int_0^\infty e^{-x}x^{s-1}\,dx\\&= s\Gamma(s)\end{aligned}$$

が得られます。また、簡単な計算により $\Gamma(1) = 1$ ですから $n = 0, 1, 2, \ldots$ として

$$\Gamma(n+1) = n!$$

を得ます。ただし、$0! = 1$ とします。

例 3.3.5 海洋波の方向スペクトル $S_f(f,\theta)$ を例に挙げましょう。S_f, f, θ は方向スペクトル、周波数（波の持つ振動数）、波向（波の進行方向で主波向 θ_0 からの偏差）をそれぞれ表します。一般に、方向スペクトルは周波数スペクトル $S_f(f)$ と方向分布関数 $G_s(\theta)$ との積、すなわち、$S_f(f,\theta) = S_f(f)G_s(\theta)$ と書くことができます。周波数スペクトル $S_f(f)$ は観測によって通常求められます。方向分布関数 $G_s(\theta)$ は代表的なものに

$$G_s(\theta) = g_s\left(\cos\frac{\theta - \theta_0}{2}\right)^{2s},\quad s \in \mathbb{N}$$

があります[18]。ここで、g_s は $\int_{-\pi}^{\pi} G_s(\theta)d\theta = 1$ として正規化するためのパラメータで、これを計算すると

$$g_s = \frac{1}{\pi}2^{2s-1}\frac{\Gamma^2(s+1)}{\Gamma(2s+1)}$$

となり、ガンマ関数で表すことができます。□

例 3.3.6 確率変数 X が自由度 m の t 分布 $t_m(m \geq 1)$ の確率密度関数 $f(x)$ は、ガンマ関数を用いて

$$f(x) = \frac{1}{\sqrt{m\pi}}\frac{\Gamma((m+1)/2)}{\Gamma(m/2)}\left(1 + \frac{x^2}{m}\right)^{-(m+1)/2}\quad (-\infty < x < \infty)$$

と表されます。ここで、$m \to \infty$ を計算すると

$$\lim_{m\to\infty}\frac{1}{\sqrt{m\pi}}\frac{\Gamma((m+1)/2)}{\Gamma(m/2)}\left(1 + \frac{x^2}{m}\right)^{-(m+1)/2} = \frac{1}{\sqrt{2\pi}}e^{-x^2/2}$$

となり、m が十分大きいときには標準正規分布にほぼ等しいといえます（§6.3 を参照ください）。□

[18] これを「光易型方向分布関数」という。詳しくは水理工学の文献 [10] を参考のこと。

ベータ関数

定義 3.3.2 $p > 0, q > 0$ のとき、

$$B(p,q) = \int_0^1 x^{p-1}(1-x)^{q-1}\,dx$$

を**ベータ関数**という。

ベータ関数とガンマ関数との間には

$$B(p,q) = \frac{\Gamma(p)\Gamma(q)}{\Gamma(p+q)}$$

の関係が成立します。

デルタ関数

定義 3.3.3 つぎの式 (i)、(ii) を満たす関数 $\delta(x)$ を**デルタ関数**[a]という。

(i) $\delta(x) = \begin{cases} 0 & (x \neq 0) \\ \infty & (x = 0) \end{cases}$, (ii) $\int_{-\infty}^{\infty} \delta(x)\,dx = 1$

[a] x を時間と考えて、時刻 0 において瞬間的に衝撃が加わった現象を表すのに用いられる。デルタ関数は**超関数**と呼ばれる特殊な関数である。

3.4 ルベーグ積分

本節ではリーマン積分とは別の概念であるルベーグ積分について紹介します [11][12] 。例えばディリクレ関数のように、リーマン積分不可能である関数の多くがルベーグ積分可能とな

ります[19]。また、極限と積分の順序交換に対する条件がリーマン積分のそれと比べて緩和されます。したがって、特殊な関数が多く存在する現実の世界においては、ルベーグ積分はより適した積分であるということができます。ルベーグ積分の概念は測度論の上に成り立っており、本来ならば測度論から始めるのが慣例になっていますが、ここでは先を急ぎ早速ルベーグ積分を定義していきましょう。測度論の詳細は§A.3を参照してください。

3.4.1 準備

本節では、$(a,b]$ $(:= \{x \in \mathbb{R}\,;\, a < x \leq b\})$ の形をしたものを区間と呼ぶことにします。ただし、$b = \infty$ のときは、$(a,b] = \{x \in \mathbb{R}\,;\, a < x < \infty\}$ とします。また有限個の区間の和集合を**区間塊**と呼び、区間塊の全体で作られた**集合族**[20]を $\mathfrak{F}$ で表します。単に集合といえば、区間や区間塊とは限らない $\mathbb{R}$ の部分集合です（区間、区間塊、区間塊の全体で作られた集合族、集合の4つの言葉の使い分けに気をつけて下さい）。まず、**集合関数**を定義します。

[19] 逆に、リーマン積分可能であってもルベーグ積分不可能な関数もある。例えば、関数 $\frac{\sin x}{x}$ は開区間 $(0,\infty)$ 上リーマン積分可能であるが、ルベーグ積分不可能な関数。

[20] 集合の集まりを**集合族**という。

集合関数 m

定義 3.4.1 区間塊の全体で作られた集合族 $\mathcal{F}$ に対して以下で集合関数 m を定義する[a]。

(1) 有界な区間 $I = (a, b]$ に対しては $m(I) := b - a$

(2) 有界でない区間 I に対しては

$m(I) := \sup\{m(J); J$ は I に含まれる任意の有界区間 $\}$

(3) 空集合に対しては $m(\emptyset) = 0$

(4) 区間塊 $E = I_1 + I_2 + \cdots I_n$ (直和)[b]に対しては、$m(E) := m(I_1) + m(I_2) + \cdots + m(I_n)$

[a] 本節では、区間および区間塊に対して定義される関数であるが、一般には集合に対して定義される。§A.3 を参照。

[b] $E = \cup_{i=1}^{n} I_i$ かつ $I_i \cap I_j = \emptyset\ (i \neq j)$ のとき、$E = I_1 + I_2 + \cdots I_n$ と表す。

この集合関数 m を用いて、**ルベーグ外測度**を以下で定義します。

ルベーグ外測度 μ

定義 3.4.2 任意の集合 $A \subset \mathbb{R}$ に対して高々加算無限個の区間塊 $E_n \in \mathcal{F}$ で A を覆い(すなわち、$A \subset \cup_{n=1}^{\infty} E_n$)、

$$\mu(A) := \inf \sum_{n=1}^{\infty} m(E_n)^a \qquad (3.4.1)$$

を集合 A の **ルベーグ外測度** という。

[a] inf は上に述べたすべての覆い方による下限を表す。

ルベーグ外測度の性質

定理 3.4.1 ルベーグ外測度について、つぎが成り立つ。

(1) $0 \leq \mu(A) \leq \infty,\ \ \mu(\phi) = 0$ （非負性）

(2) $A \subset B$ ならば $\mu(A) \leq \mu(B)$ （単調性）

(3) $\mu(\cup_{n=1}^{\infty} A_n) \leq \sum_{n=1}^{\infty} \mu(A_n)$ （劣加法性）

例 3.4.1 $A = (1,3] \cup (2,4] \cup (5,7]$ ならば $A = (1,4] + (5,7]$ です。したがって、$m(A) = 3 + 2 = 5$ となります。□

例 3.4.2 集合 $A = [0,3], B = (0,3], C = [0,3)$ のルベーグ外測度は、$\mu(A) = \mu(B) = \mu(C) = 3$ です。□

例 3.4.3 集合 $A = \{1\}$ のルベーグ外測度を求めてみましょう。区間 $E_k = (1 - \frac{1}{k}, 1]$ を考えると、これは $A \subset E_k$ を満たし、$m(E_k) = \frac{1}{k}$ です。したがって、式 (3.4.1) より

$$0 \leq \mu(A) \leq \inf_{k=1,2,\ldots} m(E_k)$$

となりますが、右辺は 0 ですから結局 $\mu(A) = 0$ を得ます。□

問題 3.4.1 集合 $A \subset \mathbb{R}$ が**可算集合**[21]ならば、ルベーグ外測度 $\mu(A) = 0$ であることを証明しなさい。（ヒント：定理 3.4.1(3) の劣加法性を用いる。）

---

[21] 集合の要素が自然数と 1 対 1 に対応付けられるとき可算集合という。

零集合

定義 3.4.3 集合 $A(\subset \mathbb{R})$ が $\mu(A) = 0$ を満たすときに、A を**零集合** という。また、集合 E 上定義された 2 つの関数 f と g が零集合を除いて等しいときに、f と g は E 上で**ほとんど至るところ**等しいという。

例 3.4.4 2 つの関数 $f(x) = [x]$ と $g(x) = 0$ は 集合 $[0, 1]$ においてほとんど至るところ等しい関数です。□

つぎに階段関数を定義しましょう。

階段関数

定義 3.4.4 集合 E を $E = E_1 + E_2 + \cdots + E_n$ と有限個の集合の直和[a] に分けて、

$$f(x) = \sum_{j=1}^{n} \alpha_j \ \chi_{E_j(x)} \quad (\alpha_j \neq \alpha_k) \tag{3.4.2}$$

なる形に表される関数を E 上の **階段関数** という[b]。

[a] 区間塊の直和と同様に $E = \cup_{i=1}^{n} E_i$ かつ $E_i \cap E_j = \emptyset \ (i \neq j)$.

[b] 集合 A に対して $\chi_A(x) := \begin{cases} 1 & (x \in A) \\ 0 & (x \notin A) \end{cases}$ を集合 A の**定義関数**という。

例 3.4.5 $f(x) = [x]$ は集合 $E = [0, 3]$ 上の階段関数です。$A = [0, 1), B = [1, 2), C = [2, 3), D = \{3\}$ とおくと、$E = A + B + C + D$ と 4 つの集合を用いて直和表示できます。このとき、$f(x) = 0 \cdot \chi_A + 1 \cdot \chi_B + 2 \cdot \chi_C + 3 \cdot \chi_D$ と表すことができるので、$f(x)$ は E 上の階段関数です。□

つぎに、**外測度可測集合**[22]を用いて**可測関数**を定義しましょう。

可測関数

定義 3.4.5 外測度可測集合の全体を $\mathcal{M}$ とし、集合 E 上で定義された関数 f が任意の実数 a に対して

$$E(f > a) := \{x \in E;\ f(x) > a\} \in \mathcal{M}$$

を満たすときに、f を **可測関数** という。

3.4.2 ルベーグ積分の定義

以上で準備が整いましたので、有界可測関数 f の外測度可測集合 E 上でのルベーグ積分を定義します。

階段関数のルベーグ積分

定義 3.4.6 $f(x) \geq 0$ とする。f が階段関数、すなわち、$f(x) = \sum_{j=1}^{n} \alpha_j\ \chi_{E_j(x)}$ と表されるとき、$f(x)$ のルベーグ積分を

$$\int_E f(x)\, dx := \sum_{j=1}^{n} \alpha_j\ \mu(E_j) \tag{3.4.3}$$

で定義する。ここで、E_j は外測度可測集合である。

式 (3.4.3) は、右辺で計算した値を左辺の積分の値にしましょうという意味です。左辺の積分の記号はリーマン積分と同じですが、具体的な計算は右辺でしなさいということで

[22] 定義 A.3.6 を参照。

す。左辺がルベーグ積分であることを明示的に表すときには $(\mathcal{L})\int_E f(x)\,dx$ と書くこともあります。これに対してリーマン積分は $(\mathcal{R})\int_E f(x)\,dx$ と書きます。

f が階段関数でないときには、つぎの定理が成り立ちます。

各点収束

定理 3.4.2 関数 f が集合 E で可測で、$f(x) \geq 0$ であるならば、ある階段関数の単調増大列 $\{f_n(x)\}$ で $f_n(x) \geq 0$ であり、E の各点 x で $f(x)$ に各点収束するものが存在する。

上の階段関数の列 $\{f_n(x)\}$ の積分はすでに定義されています。

$$\int_E f(x)\,dx := \lim_{n\to\infty}\int_E f_n(x)\,dx \tag{3.4.4}$$

つぎに f が階段関数でない有界可測関数とします。

ルベーグ積分

定義 3.4.7 f を階段関数でない有界可測関数とする。リーマン積分の時と同様に

$$f^+(x) := \max\{f(x), 0\},\quad f^-(x) := \max\{-f(x), 0\},$$

を用いて、

$$\int_E f(x)\,dx := \int_E f^+(x)\,dx - \int_E f^-(x)\,dx$$

と定義する。

例 3.4.6 集合 $E = [0, 3]$ 上関数 $f(x) = [x]$ のルベーグ積分を求めてみましょう。リーマン積分のときは、面積として

解釈しましたので、厳密な計算ではありませんでした。47頁の該当箇所を思い出してください。例 3.4.5 と同じ記号を用いて、$\mu(A)=\mu(B)=\mu(C)=1, \mu(D)=0$ であるので、$\int_E f(x)\,dx = 0\cdot 1+1\cdot 1+2\cdot 1+3\cdot 0=3$ を得ます。□

一般に、次の定理が成り立ちます。

リーマン積分可能ならばルベーグ積分可能

定理 3.4.3　関数 f が閉区間 $[a,b]$ 上でリーマン積分可能ならば、ルベーグ積分可能であり、両方の積分の値は等しい。

ここで、ディリクレ関数の $E=[0,1]$ におけるルベーグ積分を計算しましょう。この関数はリーマン積分不可能であった関数です。そのために次の定理を紹介します。

$\mu(E)=0$ のときの可測関数のルベーグ積分

定理 3.4.4　$\mu(E)=0$ ならば、任意の可測関数 f に対して $\int_E f(x)\,dx=0$ となる。

また、$E=A+B$（直和）であって、f が A, B のそれぞれの上でルベーグ積分可能ならば、f は E 上でもルベーグ積分可能となり、つぎが成り立ちます。

$$\int_E f(x)\,dx = \int_A f(x)\,dx + \int_B f(x)\,dx$$

ルベーグ積分の一致

系 3.4.1　f と g は E の上でほとんど至るところで一致する関数であるとする。このとき、f が E 上でルベーグ積分可能であるならば、g も E 上でルベーグ積分可能であり $\int_E f(x)\,dx = \int_E g(x)\,dx$ が成立する。

［証明］仮定より、ある零集合 $A \subset E$ が存在して、$x \in E \backslash A$ [23]に対して $f(x) - g(x) = 0$ が成り立ちます。$E = (E\backslash A) + A$（直和）ですから、定理 3.4.4 より $\int_E (f(x) - g(x))\ dx = \int_{E\backslash A} (f(x) - g(x))\ dx + \int_A (f(x) - g(x))\ dx = \int_{E\backslash A} 0\,dx + \int_A (f(x) - g(x))\ dx = 0$ となり、したがって、$\int_E f(x)\,dx = \int_E g(x)\,dx$ を得ます。■

例 3.4.7　つぎのディリクレ関数は集合 $E = [0,1]$ 上で積分可能でしょうか。

$$f(x) = \begin{cases} 1 & (x : \text{有理数}) \\ 0 & (x : \text{無理数}) \end{cases}$$

$A = \mathbb{Q} \cap [0,1]$ とすると、$\mu(A) = 0$ です。関数 g を $g(x) = 0\ (x \in [0,1])$ とすれば　f と g は E 上のほとんど至るところで一致する関数であり、g は E 上リーマン積分可能ですので、系 3.4.1 より f はルベーグ積分可能であり、

$$\int_E f(x)\,dx = \int_0^1 g(x)\,dx = 0$$

と求まります。□

[23] E から A を引いた差集合（E における A の補集合）を示す。

最後に、例 3.3.3 で求めた広義積分をルベーグ積分で求めて本節を締めくくることにします。

例 3.4.8 $\displaystyle\int_0^\infty e^{-x}dx$ をルベーグ積分で求めましょう。まず、

$$f_n = \sum_{k=1}^{n^2} e^{-k/n} \ \chi_{[(k-1)/n,k/n]}$$

は、e^{-x} を近似した階段関数です。したがって、

$$\begin{aligned}
(\mathcal{L}) \int_0^\infty e^{-x}dx &= \lim_{n\to\infty} \int_0^\infty f_n \, dx \\
&= \lim_{n\to\infty} \sum_{k=1}^{n^2} e^{-k/n} \ \chi_{[(k-1)/n,k/n]} \\
&= \lim_{n\to\infty} \sum_{k=1}^{n^2} e^{-k/n} \ \frac{1}{n} \\
&= \lim_{n\to\infty} \frac{1-e^{-n}}{n(1-e^{-1/n})} \cdot e^{-\frac{1}{n}} \\
&= 1 \\
&= (\mathcal{R}) \int_0^\infty e^{-x}dx
\end{aligned}$$

と求まり、リーマン積分のような広義積分を使わずに求めることができます。当然、結果はリーマン積分の値と一致します。

□

第 4 章

無限級数とテーラー展開

4.1　無限級数

数列 $\{a_k\}$ が与えられたとき、第 n 項までの和を S_n とします。すなわち、

$$S_n = \sum_{k=1}^{n} a_k = a_1 + a_2 + a_3 + \cdots + a_n.$$

このとき

$$\sum_{k=1}^{\infty} a_k := \lim_{n \to \infty} S_n$$

を**無限級数**といいます。

$$\lim_{n \to \infty} S_n = \lim_{n \to \infty} \sum_{k=1}^{n} a_k = S$$

であるとき、すなわち、数列 $\{S_n\}$ の極限値が S であるとき、無限級数 $\sum_{k=1}^{\infty} a_k$ は S に収束するということを高等学校で習いました。

例 4.1.1　調和級数

調和級数は、自然数の逆数の無限級数、すなわち

$$\sum_{k=1}^{\infty} \frac{1}{k} = 1 + \frac{1}{2} + \frac{1}{3} + \frac{1}{4} + \frac{1}{5} + \dots \qquad (4.1.1)$$

ですが、これはつぎのようにして発散することが初等的に分かります。

$$\begin{aligned}\sum_{k=1}^{\infty}\frac{1}{k} &= 1+\frac{1}{2}+\frac{1}{3}+\frac{1}{4}+\frac{1}{5}+\dots \\ &> 1+\left(\frac{1}{2}\right)+\left(\frac{1}{4}+\frac{1}{4}\right)+\left(\frac{1}{8}+\frac{1}{8}+\frac{1}{8}+\frac{1}{8}\right)+\left(\frac{1}{16}+\dots\right. \\ &= 1+\frac{1}{2}+\frac{1}{2}+\frac{1}{2}+\frac{1}{2}+\dots\end{aligned} \tag{4.1.2}$$

上式において、下から押さえた右辺が発散するので、左辺も発散します。□

例 4.1.2 交代調和級数

調和級数の和をたし算とひき算に交代々々にしたもの

$$\sum_{k=1}^{\infty}\frac{(-1)^{k+1}}{k} = 1-\frac{1}{2}+\frac{1}{3}-\frac{1}{4}+\frac{1}{5}-\dots \tag{4.1.3}$$

を**交代調和級数**といいますが、この無限級数は log2 に収束します。つぎのように $2n$ 項までの和を考えると

$$\begin{aligned}\sum_{k=1}^{2n}\frac{(-1)^{k+1}}{k} &= \left(\sum_{k=1}^{2n}\frac{(-1)^{k+1}}{k}+2\sum_{k=1}^{n}\frac{1}{2k}\right)-\left(2\sum_{k=1}^{n}\frac{1}{2k}\right) \\ &= \sum_{k=1}^{2n}\frac{1}{k}-\sum_{k=1}^{n}\frac{1}{k} \\ &= \sum_{k=1}^{n}\frac{1}{n+k}\end{aligned} \tag{4.1.4}$$

となり、

$$\lim_{n\to\infty}\sum_{k=1}^{n}\frac{1}{n+k} = \lim_{n\to\infty}\frac{1}{n}\sum_{k=1}^{n}\frac{1}{1+\frac{k}{n}} \tag{4.1.5}$$

ここで右辺はリーマン和の極限ですから

$$
\begin{aligned}
&= \int_0^1 \frac{1}{1+x}dx \\
&= \log 2 \qquad (4.1.6)
\end{aligned}
$$

が得られます。式 (4.1.5) のリーマン和は §3.3 において分割を $\Delta_n = \{0 = \frac{0}{n}, \frac{1}{n}, \ldots, \frac{n}{n} = 1\}$、関数 f を $f(x) = \dfrac{1}{1+x}$ としたときの $s^-(f, \Delta_n)$、すなわち不足和のことです。□

4.2　テーラー展開

つぎに例 4.2.1 に入る前に**テーラー展開**についてまとめておきましょう。

関数 $f(x)$ は $a \leq x \leq b$ の区間で連続な n 回導関数を持つと仮定します。このときつぎが成り立ちます。

$$
\begin{aligned}
f(x) = f(a) + f'(a)(x-a) + \frac{f''(a)}{2!}(x-a)^2 \\
+ \cdots + \frac{f^{(n-1)}(a)}{(n-1)!}(x-a)^{n-1} + R_n \qquad (4.2.1)
\end{aligned}
$$

ここで、$f^{(k)}(a) := \left.\dfrac{d^k f(x)}{dx^k}\right|_{x=a}$ であり、また、R_n は「剰余項」を表し

$$
R_n = \frac{f^{(n)}(\theta)}{n!}(x-a)^n, \quad a < \theta < x \qquad (4.2.2)
$$

と書くことができます[1]。ここでもし $\lim_{n\to\infty} R_n = 0$ ならばつぎのように $f(x)$ のテーラー展開を得ることができます。

[1] 式 (4.2.2) はラグランジュ形と呼ばれる剰余項の表現である。

テーラー展開

$$f(x) = f(a) + f'(a)(x-a) + \frac{f''(a)}{2!}(x-a)^2 + \dots$$
$$= \sum_{n=0}^{\infty} \frac{f^{(n)}(a)}{n!}(x-a)^n \tag{4.2.3}$$

$f(x)$ を $x-a$ の冪級数で表しその無限和（右辺）が収束すれば、その冪級数表示を $f(x)$ の $x=a$ におけるテーラー展開といい、そのとき、関数 $f(x)$ は $x=a$ において**解析的**であるという[a]。また、$x=0$ でのテーラー展開を**マクローリン展開**ともいう。

[a] 関数 $f(x)$ は $x=a$ の近くで1つの**実解析関数**を定義するという。

♠♠♠

注意 4.2.1 テーラー展開 (4.2.3) が成立する領域に注意する必要がある。例えば、

$$\sin x = x - \frac{x^3}{3!} + \frac{x^5}{5!} - \dots \tag{4.2.4}$$
$$\cos x = 1 - \frac{x^2}{2!} + \frac{x^4}{4!} - \dots \tag{4.2.5}$$

などはすべての実数 x で成立するが、

$$\tan x = x + \frac{x^3}{3} + \frac{2x^5}{15} + \frac{17x^7}{315} + \dots \tag{4.2.6}$$

は $-\frac{\pi}{2} < x < \frac{\pi}{2}$ でしか成立しない。

♠♠♠

注意 4.2.2 工学などの応用では、式 (4.2.3) の第 1 式で $(x-a)^2$ 以上を無視して、すなわち $f(x)$ を線形近似することが頻繁に行われているが、収束性の観点から十分注意する必要がある。

例 4.2.1 つぎに自然数の逆数の 2 乗の無限級数、すなわち

$$\sum_{k=1}^{\infty}\frac{1}{k^2}=1+\frac{1}{2^2}+\frac{1}{3^2}+\frac{1}{4^2}+\frac{1}{5^2}+\dots \tag{4.2.7}$$

を考えましょう[2]。これには sin 関数のテーラー展開を使います。まず、式 (4.2.4) より $x\neq 0$ のとき

$$\frac{\sin x}{x}=\frac{1}{1!}-\frac{x^2}{3!}+\frac{x^4}{5!}-\dots \tag{4.2.8}$$

を得ます。左辺は $x=\pm n\pi\ (n=1,2,3,\dots)$ で 0 だから

$$\begin{aligned}\text{左辺}&=\left(1-\frac{x}{1\pi}\right)\left(1+\frac{x}{1\pi}\right)\left(1-\frac{x}{2\pi}\right)\left(1+\frac{x}{2\pi}\right)\left(1-\frac{x}{3\pi}\right)\left(1+\frac{x}{3\pi}\right)\dots\\&=\left(1-\frac{x^2}{1^2\pi^2}\right)\left(1-\frac{x^2}{2^2\pi^2}\right)\left(1-\frac{x^2}{3^2\pi^2}\right)\dots\end{aligned} \tag{4.2.9}$$

となり、(4.2.9) と (4.2.8) の右辺の x^2 の係数を比較して

$$-\left(\frac{1}{1^2\pi^2}+\frac{1}{2^2\pi^2}+\frac{1}{3^2\pi^2}+\dots\right)=-\frac{1}{3!} \tag{4.2.10}$$

となり、これより

$$1+\frac{1}{2^2}+\frac{1}{3^2}+\frac{1}{4^2}+\frac{1}{5^2}+\dots=\frac{\pi^2}{6} \tag{4.2.11}$$

が得られます。□

[2] 「バーゼル問題」と言われるもので、オイラーが 1735 年に解決した。

実は、式 (4.2.7) はリーマンのゼータ関数（§1.4.2 の式 (1.4.3)）で $s = 2$ を代入した $\zeta(2)$ のことです。

無限級数の和が収束する例をもう 1 つ挙げておきましょう。

例 4.2.2

$$\sum_{k=0}^{\infty} \frac{(-1)^k}{2k+1} = 1 - \frac{1}{3} + \frac{1}{5} - \frac{1}{7} + \frac{1}{9} - \frac{1}{11} + \cdots = \frac{\pi}{4} \tag{4.2.12}$$

これには §2.1.3 で扱った逆正接関数 Arctan x のテーラー展開を使います[3]。

$$\operatorname{Arctan} x = x - \frac{x^3}{3} + \frac{x^5}{5} - \frac{x^7}{7} + \ldots \tag{4.2.13}$$

ここで、定義域は $-\infty < x < \infty$ ですから、$x = 1$ を代入すると

$$\operatorname{Arctan} 1 = 1 - \frac{1}{3} + \frac{1}{5} - \frac{1}{7} + \ldots$$

となり、左辺 Arctan 1 は $\dfrac{\pi}{4}$ であり、結局式 (4.2.12) を得ます。

□

問題 4.2.1

$$\sum_{k=1}^{\infty} \frac{1}{(2k-1)^2} = 1 + \frac{1}{3^2} + \frac{1}{5^2} + \frac{1}{7^2} + \cdots = \frac{\pi^2}{8} \tag{4.2.14}$$

を示しなさい。

（ヒント：$\cos x$ のテーラー展開式 (4.2.5) と

$$\cos x = \left(1 - \frac{2x}{1\pi}\right)\left(1 + \frac{2x}{1\pi}\right)\left(1 - \frac{2x}{3\pi}\right)\left(1 + \frac{2x}{3\pi}\right)\left(1 - \frac{2x}{5\pi}\right)\left(1 + \frac{2x}{5\pi}\right)\cdots \tag{4.2.15}$$

---

[3] このテーラー展開は

$$\operatorname{Arctan} x = \int_0^x \frac{ds}{1+s^2}$$

を使えば、容易に式 (4.2.13) が求まる。

を使いなさい。)

♣ ♣ ♣ ♣ ♣ ♣ ♣ コラム ♣ ♣ ♣ ♣ ♣ ♣ ♣

π の計算

式 (4.2.12) を利用すれば π を具体的に計算することができます。すなわち、

$$\pi = 4\sum_{k=0}^{\infty}\frac{(-1)^k}{2k+1} \tag{4.2.16}$$

により計算できます。k は適当に大きな数をとれば右辺で π の近似となりますが、実はこの式の収束スピードはあまり速くありません。$k = 20009$ としてやっと $3.14154\ldots$ となり小数点以下 4 桁の精度になります。これに比べて逆正弦関数 $\mathrm{Arcsin}\, x$ のテーラー展開

$$\mathrm{Arcsin}\, x = \sum_{k=0}^{\infty}\frac{(2k)!}{4^k(k!)^2(2k+1)}x^{2k+1}$$

に $x = \dfrac{1}{2}$ とすると右辺は $\dfrac{\pi}{6}$ となり、すなわち、

$$\pi = 6\sum_{k=0}^{\infty}\frac{(2k)!}{4^k(k!)^2(2k+1)}\left(\frac{1}{2}\right)^{2k+1}$$

を利用すれば、たかだか $k = 4$ で小数点以下 4 桁まで得ることができ、さらに $k = 20$ とすれば、小数点以下 14 桁の精度 $3.141592653589790\ldots$ を得ることができます。

♣ ♣ ♣ ♣ ♣ ♣ ♣ ♣ ♣ ♣ ♣ ♣ ♣ ♣ ♣ ♣ ♣

第 5 章

方程式

方程式[1]とは、扱う未知量が数（未知数）なら代数方程式といい、未知関数なら関数方程式といいます。前者は中学校以来習って来ているので比較的馴染み深いと思います。後者の代表例は微分方程式で、ニュートンの運動方程式（常微分方程式 §5.2.2）、熱力学の熱方程式（偏微分方程式 §5.3）、数理ファイナンスのブラック–ショールズ方程式（確率微分方程式）などがあります。

この章では、まず代数方程式を扱い、その後微分方程式に議論を進めていきましょう。

5.1 代数方程式

まず最初に、つぎの**代数学の基本定理**を述べねばなりません。

代数学の基本定理（ガウス）

定理 5.1.1 複素数係数の n 次代数方程式は重複度を含めて n 個の複素根を持つ。

---

[1] 方程式は、勝利の方程式とか殺人方程式のように使われ一般用語としても社会に浸透している。ちなみに、中国では一級方程式というと、自動車の F(Formula)1 レースのことらしい。

方程式の根が存在することと、根を明示的に表現することは別の話です。一般に**代数的解法**とは、四則演算と冪根により解を表示することを指します。4 次方程式までは代数的解法により解を表示することができますが、5 次以上の方程式についてはつぎの定理が成り立ちます。

5 次以上の方程式の代数的解法について（アーベル）

定理 5.1.2　一般の 5 次以上の方程式は代数的解法により解を表示することはできない。

この定理で「一般の」という意味は係数が文字であることをいいます。文字が特別な数になれば、5 次以上の方程式についても代数的解法が可能になることもあります。

では、具体的に個々の次数の方程式について §5.1.1〜§5.1.3 で見ていきましょう。

5.1.1　1 次方程式

1 次方程式は

$$ax + b = 0 \tag{5.1.1}$$

と表せられます。ここで、x は変数で方程式の未知数です。さらに、$a \neq 0$ とします。また、この節では断らない限り方程式の係数と変数は実数としておきます。すなわち、$a, b \in \mathbb{R}$ $(a \neq 0)$、$x \in \mathbb{R}$ とします[2]。式 (5.1.1) の解は $x = -\dfrac{b}{a}$ となりますが、つぎの事実に注意が必要です。

[2] $a = 0$ とすると、$b = 0$ 以外は、式 (5.1.1) は方程式にならず、この命題は「偽」となる。

♠♠♠

注意 5.1.1 式 (5.1.1) において、$a, b \in \mathbb{Z}$ $(a \neq 0)$、$x \in \mathbb{Z}$ とすると $x = -\dfrac{b}{a}$ は $\mathbb{Z}$ の元であるとは限らず、したがって、解は $\mathbb{Z}$ では存在しないかもしれません。

つぎに連立 1 次方程式の代表としてツルカメ算を挙げましょう。

例 5.1.1 （ツルカメ算）
鶴と亀の個体数の合計が b_1、それらの足の合計が b_2 です。ツルは何羽、カメは何匹でしょうか。□

[解説] 例 5.1.1 は小学校で習うツルカメ算です。方程式はツルを x 羽、カメを y 匹とすると、

$$\begin{cases} x + y = b_1, \\ 2x + 4y = b_2 \end{cases} \tag{5.1.2}$$

となります。式 (5.1.2) を**連立 1 次方程式**といいます。

♠♠♠

注意 5.1.2 ツルカメ算において、その変数となる x, y は $x, y \in \mathbb{Z}^+ = \{0, 1, 2, \ldots\}$ を暗黙の仮定としている。すなわちツルやカメの個体数は 0 か自然数（$1, 2, 3, \ldots$）である。個体数の合計と足の合計を適切に設定しないと解は非負の整数の中には見いだせないかもしれません。

注意 5.1.2 を確かめましょう。式 (5.1.2) はつぎのように書くことができます。

$$\mathbf{Au} = \mathbf{b} \tag{5.1.3}$$

ここに、

$$\mathbf{A} = \begin{pmatrix} 1 & 1 \\ 2 & 4 \end{pmatrix}, \quad \mathbf{u} = \begin{pmatrix} x \\ y \end{pmatrix}, \quad \mathbf{b} = \begin{pmatrix} b_1 \\ b_2 \end{pmatrix} \tag{5.1.4}$$

です。式 (5.1.3) は式 (5.1.1) と同様に、1 次方程式 ($\mathbf{Au}-\mathbf{b} = \mathbf{0}$) ですが、変数が 2 変数のためその係数 $\mathbf{A}$ は 2×2 の行列になっています。一般に、n 変数ならば $\mathbf{A}$ は $n \times n$ 行列になります。

さて、式 (5.1.3) は $\mathbf{A}$ 行列が**正則行列**ですから、その逆行列が存在し、つぎのように解を得ることができます。

$$\mathbf{u} = \begin{pmatrix} x \\ y \end{pmatrix} = \mathbf{A}^{-1}\mathbf{b} = \begin{pmatrix} 2 & -\frac{1}{2} \\ -1 & \frac{1}{2} \end{pmatrix} \begin{pmatrix} b_1 \\ b_2 \end{pmatrix} = \begin{pmatrix} 2b_1 - \frac{b_2}{2} \\ \frac{b_2}{2} - b_1 \end{pmatrix} \tag{5.1.5}$$

これよりそれぞれの個体数は非負でなければならないので

$$2b_1 - \frac{b_2}{2} \geq 0, \quad \frac{b_2}{2} - b_1 \geq 0$$

という条件が要ります。この 2 つの不等式よりつぎの条件

$$2b_1 \leq b_2 \leq 4b_1 \tag{5.1.6}$$

が必要となります。結局、b_1（個体数の合計）を非負の整数、b_2（足の合計）を非負の偶数として式 (5.1.6) を満足するように b_1, b_2 を選ばないとツルカメ算は問題として不適合になります。

5.1.2 2 次方程式

この節では 2 次方程式を扱います。よく知っているように 2 次方程式はつぎのように表されます。

$$ax^2 + bx + c = 0 \tag{5.1.7}$$

2 次方程式である限りは、$a \neq 0$ だから上式はつぎと等価になります。

$$x^2 + ax + b = 0 \tag{5.1.8}$$

ただし、式 (5.1.8) では、式 (5.1.7) の $\frac{b}{a}, \frac{c}{a}$ を改めてそれぞれ a, b と記しています。さて、代数学の基本定理により式 (5.1.8) には 2 個の根を持つのでそれらを α, β とすると

$$x^2 + ax + b = (x - \alpha)(x - \beta) \tag{5.1.9}$$

と因数分解されます。これより右辺を展開し左辺とその係数を比較するとつぎの**根と係数の関係**が得られます。

$$\alpha + \beta = -a, \quad \alpha\beta = b \tag{5.1.10}$$

$\alpha - \beta$ が分かれば上式の $\alpha + \beta$ と連立させ α, β の 2 根が分かるという筋書きです。$\alpha - \beta$ はつぎのように得られます。

$$\alpha - \beta = \pm\sqrt{(\alpha + \beta)^2 - 4\alpha\beta} = \pm\sqrt{a^2 - 4b} \tag{5.1.11}$$

したがって、式 (5.1.10) 第 1 式と式 (5.1.11) より

$$\alpha = \frac{-a \pm \sqrt{a^2 - 4b}}{2} \quad \beta = \frac{-a \mp \sqrt{a^2 - 4b}}{2} \tag{5.1.12}$$

と根の公式を得ることができます。重要なのは $D = a^2 - 4b$ の部分であり、これを**判別式**と呼ぶのは承知の通りです。$\sqrt{D}$ が係数 a, b の体に含まれないときには係数が作る体に $\sqrt{D}$ を入れた拡大体の中で式 (5.1.9) のように因数分解できるということです。

5.1.3 3 次方程式

3 次方程式は

$$x^3 + px + q = 0 \tag{5.1.13}$$

を考えれば十分です[3]。つぎの因数分解を使います [2]。

$$a^3+b^3+c^3-3abc=(a+b+c)(a+b\omega+c\omega^2)(a+b\omega^2+c\omega) \tag{5.1.14}$$

ここで、ω は $x^2+x+1=0$ の1つの解 $\omega=\dfrac{-1+i\sqrt{3}}{2}$ です[4]。式 (5.1.14) の左辺において、a を x に置き換えると

$$x^3-3bcx+b^3+c^3 \tag{5.1.15}$$

となり、したがって、式 (5.1.13) と (5.1.15) を比べて

$$p=-3bc, \quad q=b^3+c^3 \tag{5.1.16}$$

となるように b, c を決めれば、式 (5.1.14) 右辺により3次方程式 (5.1.13) の3根は

$$x=-b-c, \quad -b\omega-c\omega^2, \quad -b\omega^2-c\omega \tag{5.1.17}$$

と求めることができます。残るは b, c をどのように決めるかですが、まずは式 (5.1.16) より b^3 と c^3 を求めます。すなわち、これらを根に持つ2次方程式は

$$s^2-qs-\frac{p^3}{27}=0 \tag{5.1.18}$$

となるので、これより2次方程式の根の公式 (5.1.12) より

$$b^3, \ c^3=\frac{q\pm\sqrt{q^2+4p^3/27}}{2}$$

---

[3] 3次方程式 $y^3+ay^2+by+c=0$ に変数変換 $x=y+\dfrac{a}{3}$ を施すと $p=b-\dfrac{a^2}{3}, q=\dfrac{2}{27}a^3-\dfrac{ab}{3}+c$ として式 (5.1.13) となる。

[4] 1の3乗根、すなわち、$x^3-1=(x-1)(x^2+x+1)=0$ の解の1つである。

を得ます。式 (5.1.15) で b と c を入れ替えても変わらないので

$$b^3 = \frac{q + \sqrt{q^2 + 4p^3/27}}{2}, \quad c^3 = \frac{q - \sqrt{q^2 + 4p^3/27}}{2}$$

としても一般性を失いません。これより $k = 1, 2, 3$ として

$$b = \omega^k \left(\frac{q + \sqrt{q^2 + 4p^3/27}}{2} \right)^{\frac{1}{3}}, c = \omega^k \left(\frac{q + \sqrt{q^2 - 4p^3/27}}{2} \right)^{\frac{1}{3}}$$

を得ますが[5]、b, c は式 (5.1.16) 第 1 式を満たすことと式 (5.1.17) より

$$b = \left(\frac{q + \sqrt{q^2 + 4p^3/27}}{2} \right)^{\frac{1}{3}}, c = \left(\frac{q + \sqrt{q^2 - 4p^3/27}}{2} \right)^{\frac{1}{3}} \tag{5.1.19}$$

として一般性を失わないことが分かります。最終的な 3 根は式 (5.1.19) を (5.1.17) に代入したものになります[6]。

4 次方程式の根も 3 次方程式と同様に類似の因数分解を経由して見いだすことが可能です。しかし、5 次以上の方程式になると代数的解法ではその根を求めることはできません（定理 5.1.2）。この事実は §5.1.2 で少し触れましたが体の拡大と密接に関係しています。詳細は参考文献 [1][2] を見てください。

5.2 微分方程式

この章では常微分方程式を扱います。代数と微分・積分の知識が基礎となります。偏微分方程式は、次章の課題です。

さて、理系を志すものにとっての数学リテラシーとして、おそらく最も重要になるのが微分方程式です。現実の現象を対象

[5] $\omega^3 = \omega^6 = \omega^9 = 1$ となることに注意。

[6] カルダノの公式と呼ばれる。

としてそれをモデル化し微分方程式として表すという手続き（モデリングという）自体が重要です。完成度の高いモデル方程式は、自然現象や物理的運動をよく表現しており、これを何らかの方法で解き、解を求めれば対象の特性を把握できます。しかし、自然現象をモデル化すると大抵の場合、非線形微分方程式となり、解を具体的に求められない場合[7]がほとんどです。この解決のために数学が発展してきたといっても過言ではないでしょう。

まず、初等解法について説明し、その後物理現象のモデル化の過程でしばしば表れる非同次2階線形微分方程式について、その解法を解説します。最後に非線形微分方程式の取り扱いについて言及します。

5.2.1　初等解法

有限回の不定積分と適当な式変形を行うことにより微分方程式の解を求めることを**初等解法**といい、**求積法**ともいいます。初等解法の代表例として、ここでは**変数分離型**の微分方程式を取り上げます。未知関数を $x = x(t)$ とします。記号を簡便にするため、$\dot{} := \dfrac{d}{dt}, \ddot{} := \dfrac{d^2}{dt^2}, \ldots$ という記法をこの章全体を通して使います。

例 5.2.1　v を定数としてつぎの簡単な微分方程式を考えます。

$$\dot{x} = v \tag{5.2.1}$$

[7] 非線形微分方程式でもその解を明示的に表すことができるものもある。発見的な方法である種の変数変換を施し線形の微分方程式に変換する手法がよく用いられる。

これは両辺を t で積分すると

$$x(t) = vt + c \tag{5.2.2}$$

を得ます。ここで、c は積分定数で任意です。x を位置、t を時間と考えれば式 (5.2.1) の左辺は速度を表すので、物体の等速運動を示しています。この微分方程式は、速度を与えて位置を求める問題になります。□

式 (5.2.2) を式 (5.2.1) の**一般解**[8]といいます。これに対して任意定数に特殊な値を与えて得られる解を「特殊解」（特解）と呼びます。また、方程式によっては一般解に含まれない「特異解」と呼ばれるものが存在することがあります。

例 5.2.2 変数分離型（その 1） ℓ を定数としてつぎの微分方程式を考えます。

$$\dot{x} = \ell - x \tag{5.2.3}$$

変数変換 $y := \ell - x$ により式 (5.2.3) は

$$\dot{y} = -y \tag{5.2.4}$$

となります。$y(t) = 0$ は $x(t) = \ell$ となり、これは自明解です。興味のあるのは自明解ではないので、$y \neq 0$ として式 (5.2.4) の両辺を y で割ると

$$\frac{1}{y}\dot{y} = -1 \tag{5.2.5}$$

となり、この両辺を t で積分すると

$$\int \frac{1}{y}\dot{y}dt = -\int dt \tag{5.2.6}$$

[8] 一般に、微分方程式の階数に見合った数の任意定数を含む解。

となりますが、この左辺は置換積分（5.2.2）の公式を適用すると

$$\int \frac{1}{y}dy = -\int dt$$

となり、これより直ちに

$$y(t) = ce^{-t} \tag{5.2.7}$$

を得ます。ここで、c は積分定数です。式 (5.2.7) を変数変換によりもとの x に戻すと最終的に式 (5.2.3) の一般解は

$$x(t) = \ell - ce^{-t} \tag{5.2.8}$$

となります。式 (5.2.3) は、例 5.2.1 と同様に x を位置、t を時間と考えれば、速度と位置の和が定数であることを意味しています。速度と位置は物理次元が異なるので考えにくいですが、もう一度両辺を t で微分すると $\ddot{x} = -\dot{x}$ となり、これは物体に働く力が速度による減衰力に釣り合っている式と理解できます。□

例 5.2.3　変数分離型（その 2）　一般的に、変数分離型は未知関数を $x = x(t)$ として

$$\dot{x} = f(t)g(x) \tag{5.2.9}$$

と書くことができます。これを形式的に

$$\frac{dx}{g(x)} = f(t)dt$$

と変形し、両辺を積分することで解くことができます。

$$\int \frac{dx}{g(x)} = \int f(t)dt$$

形式的な変形の正当性は例 5.2.2 で述べた置換積分によります。□

5.2.2 バネ–マス–ダンパ系

ここでは古典力学のバネ–マス–ダンパ系を例に挙げて、2 階線形微分方程式に対する解法を解説します。バネ–マス–ダンパ系とは図 5.2.1 に示すように一端を固定されたバネでつり下げられた鉛直方向にのみ動くことができる質量 $m(>)0$ の重りの運動系をいいます。バネの復元力を表す「バネ定数」[9]を k とし、さらに減衰に作用するダンパの持つ「粘性減衰係数」[10]を $c(>0)$ とします。重りの変位 x を鉛直下方を正として、時間 t に関する関数 $x = x(t)$ とします。すると、ニュートンの運動の第 2 法則[11]により

$$m\ddot{x} = -c\dot{x} - kx + f(t) \tag{5.2.10}$$

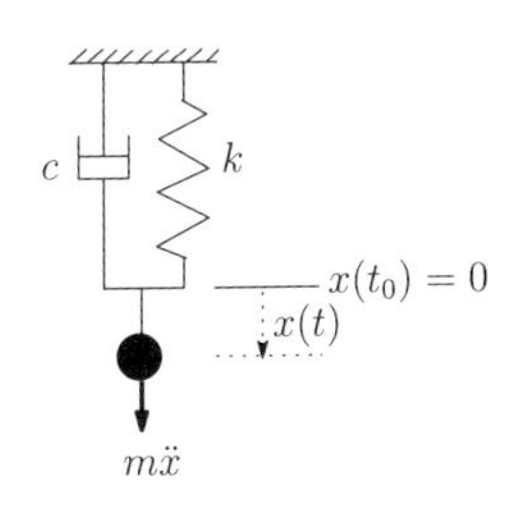

図 5.2.1 バネ–マス–ダンパ系。

[9] 単位は $\mathrm{kg/s^2}$。

[10] 単位は kg/s。

[11] 質量 × 加速度 = 力。

という関係が成り立ちます。右辺の第1項がダンパによる粘性減衰力、第2項が「復元力」[12]を表しています。f は重りの鉛直方向に加える外部からの力です。$f = 0$ の場合が「自由応答」となります。機械工学では、式 (5.2.10) を

$$\ddot{x} + 2\mu\dot{x} + \omega^2 x = f(t) \tag{5.2.11}$$

と書くのが一般的です。ここに、$\mu = \dfrac{c}{2m}$, $\omega = \sqrt{\dfrac{k}{m}}$ で、ω は自由応答の固有周波数に相当します。

さて、物理定数を無視して、式 (5.2.11) を一般的に書くとつぎのようになります。

$$\ddot{x} + a\dot{x} + bx = f(t) \tag{5.2.12}$$

ここに、a, b は定数です。ここで、$a = \dfrac{R}{L}$, $b = \dfrac{1}{LC}$, $f(t) = \dfrac{1}{L}\dfrac{d}{dt}e(t)$ とおき、変数 x を i に置き換えると

$$\ddot{i} + \frac{R}{L}\dot{i} + \frac{1}{LC}i = \frac{1}{L}\frac{d}{dt}e(t) \tag{5.2.13}$$

となります。この方程式は、図 5.2.2 に示す RLC 電気回路に流れる電流 $i = i(t)$ の時間発展を表しています。ここに、R は抵抗、L はコイルのインダクタンス、C はコンデンサの電気容量を示し、$e = e(t)$ は回路に印加する電圧[13]です。式 (5.2.13) は式 (5.2.11) と同一であり、したがって、機械工学のバネ–マス–ダンパ系も電気工学の RLC 電気回路も数学として統一的

[12] 粘性減衰力は速度に、復元力は変位に反比例します。

[13] 単位は抵抗が Ω（オーム）、インダクタンスは H（ヘンリ）、電気容量は F（ファラッド）、電流は A（アンペア）、電圧は V（ボルト）です。なお、電気工学では、記号 i を電流として使っており、虚数単位は通常 j で書く。

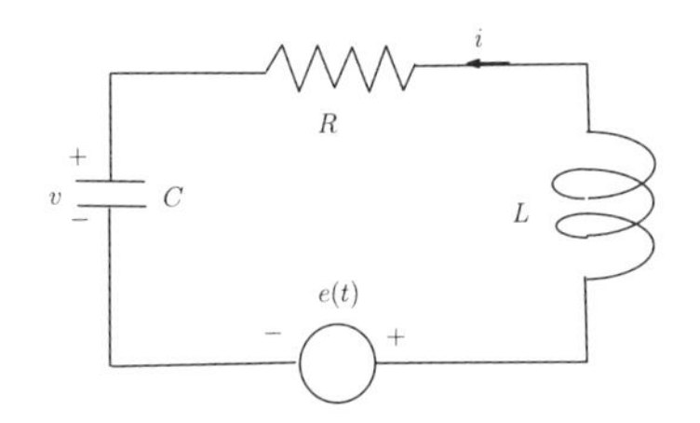

図 5.2.2　RLC 電気回路：抵抗 R、インダクタンス L のコイル、電気容量 C のコンデンサに交番電圧 $e(t)$ が印可された直列回路。電気工学では、電流を i で表す。

に扱えるということです。

§5.2.3 にて、式 (5.2.12) の係数を t の関数として一般論を展開します。この一般論を使えば定数係数の場合（§5.2.4）は容易に解法可能です。なお、式 (5.2.14) の変数係数のときには、特別の場合を除いては初等解法は存在しません。

5.2.3　変数係数 2 階線形微分方程式

この節では、つぎの方程式の一般解を求める手法について考えましょう。

$$\ddot{x} + a(t)\dot{x} + b(t)x = f(t) \tag{5.2.14}$$

ここで、a, b は t に関して連続な実数値関数とし、$x : \mathbb{R}^+ \to \mathbb{R}$ である関数とします。式 (5.2.14) を**非同次変数係数 2 階線形微分方程式**といいます。

［ステップ 1］ まず、式 (5.2.14) の右辺を 0 とした**同次形**

$$\ddot{x} + a(t)\dot{x} + b(t)x = 0 \tag{5.2.15}$$

を考えます。この同次形の解を求めた後本来の右辺 $f(t)$ の付いた**非同次形**の解を求めるステップを踏みます。まず、式 (5.2.14) と (5.2.15) に関する基本的な定理を述べます。

重ね合わせの原理

定理 5.2.1 $x_1(t), x_2(t)$ が式 (5.2.15) の解ならば、それらの線形結合 $c_1x_1(t) + c_2x_2(t)$ も式 (5.2.15) の解である。ここで、c_1, c_2 は任意の定数である。

証明は $x_1(t), x_2(t)$ が式 (5.2.15) を満たすことから容易に定理の帰結を導き出せます。

ロンスキー行列式

補題 5.2.1 $x_1(t), x_2(t)$ が線形従属なら

$$W(x_1, x_2) = \begin{vmatrix} x_1 & x_2 \\ \dot{x}_1 & \dot{x}_2 \end{vmatrix} = x_1\dot{x}_2 - x_2\dot{x}_1 \equiv 0$$

となる。

$W(x_1, x_2)$ を「ロンスキー行列式」といいます。また、関数 $x_1(t), x_2(t)$ が**線形独立**(または、1 **次独立**)とは、c_1, c_2 を定数として、$c_1x_1(t) + c_2x_2(t) = 0$ であるならば、$c_1 = c_2 = 0$ が成り立つことをいいます。線形独立でないとき、**線形従属**(または、1 **次従属**)といいます。

[補題 5.2.1 の証明] 仮定より $\mathbf{c} = \mathrm{col}(c_1, c_2) \neq \mathbf{0}$ に対して $(x_1, x_2)\mathbf{c} = 0$ が成り立ちます。この両辺を微分して $(\dot{x}_1, \dot{x}_2)\mathbf{c} = 0$ を得、これらより $\mathbf{A} = \begin{pmatrix} x_1 & x_2 \\ \dot{x}_1 & \dot{x}_2 \end{pmatrix}$ として $\mathbf{Ac} = 0$ となり、$\mathbf{c} \neq \mathbf{0}$ より $\det\mathbf{A} = 0$ が従い、結局補題が証明されました。■

補題 5.2.1 の対偶をとればつぎの系を得ます。

線形独立

系 5.2.1 ある $t = t_0$に対して

$$W(x_1, x_2) \neq 0$$

なら、$x_1(t), x_2(t)$ は線形独立である。

線形独立となる解を**基本解**といいます。つぎの定理は基本解の存在を保証します。

基本解の存在保証

定理 5.2.2 式 (5.2.15) で $a(t), b(t)$ は t の連続関数とする。このとき、任意の初期条件 $x(t_0) = x_0,\ \dot{x}(t_0) = x_{00}$ を満たす式 (5.2.15) の解が常にただ 1 つ存在する。

証明は長くなりますので、巻末の参考文献を参照してください。

定理 5.2.2 を使って 2 つの基本解を求めましょう。初期値 $x(t_0) = 1, \dot{x}(t_0) = 0$ を満たす解を $x_1(t)$ とします。同様に、初期値 $x(t_0) = 0, \dot{x}(t_0) = 1$ を満たす解を $x_2(t)$ とします。これらは、定理により存在が保証されます。したがって、

$$\begin{pmatrix} x_1(0) & x_2(0) \\ \dot{x}_1(0) & \dot{x}_2(0) \end{pmatrix} \begin{pmatrix} c_1 \\ c_2 \end{pmatrix} = \begin{pmatrix} 0 \\ 0 \end{pmatrix}$$

を満たすのは、$c_1 = c_2 = 0$ のときのみです。第 1 行より $c_1x_1(0) + c_2x_2(0) = 0$ が成立するのは、$c_1 = c_2 = 0$ のときのみです。定理 5.2.2 により解は一意性がありますから、$c_1x_1(0) + c_2x_2(0) = 0$ が成り立てば $c_1x_1(t) + c_2x_2(t) = 0$ が成り立ちます。すなわち、$x_1(t),\ x_2(t)$ は独立となり基本解とな

り得ます。このとき、つぎの定理が成り立ちます。

同次方程式の解の構成

定理 5.2.3 $x_1(t), x_2(t)$ を式 (5.2.15) の基本解の 1 組とする。このとき、式 (5.2.15) の任意の解は

$$x(t) = c_1 x_1(t) + c_2 x_2(t) \tag{5.2.16}$$

と表される。ここで、c_1, c_2 は定数である。

式 (5.2.16) は定数が 2 つあるので、式 (5.2.15) の一般解となります。定理 5.2.3 を証明するためにつぎの補題を準備します。

解が線形従属である必要十分条件

補題 5.2.2 式 (5.2.15) において、$a(t), b(t)$ は連続関数とする。このとき、式 (5.2.15) の 2 つの解 $x_1(t), x_2(t)$ が線形従属である必要十分条件は、$W(x_1, x_2) \equiv 0$ である。

[証明] 必要性は補題 5.2.1 そのものです。十分性の証明をしましょう。仮定は $W(x_1, x_2) \equiv 0$ ですから、任意の t_0 に対して、$x_1(t_0)\dot{x}_2(t_0) - x_2(t_0)\dot{x}_1(t_0) = 0$ となります。したがって、

$$\begin{pmatrix} x_1(t_0) & x_2(t_0) \\ \dot{x}_1(t_0) & \dot{x}_2(t_0) \end{pmatrix} \begin{pmatrix} c_1 \\ c_2 \end{pmatrix} = \begin{pmatrix} 0 \\ 0 \end{pmatrix}$$

を満たす $\mathrm{col}(c_1, c_2) \neq 0$ となる c_1, c_2 が存在します。よって、$x(t) = c_1 x_1(t) + c_2 x_2(t)$ とおくと、この $x(t)$ は定理 5.2.1 より式 (5.2.15) の解となります。この $x(t)$ は $x(t_0) = \dot{x}(t_0) = 0$ を満たします。存在定理 5.2.2 により解の一意性が保証され、$x(t) = 0$ を得ます。したがって、$x_1(t)$ と $x_2(t)$ とは線形従属となります。これで十分性の証明ができました。■

[定理 5.2.3 の証明] 仮定より基本解ならば線形独立であり補題

5.2.2 の対偶と $W(x_1, x_2) = c_w e^{-\int a(t)dt}$ (c_w：定数)[14] より任意の $t = t_0$ にて $W(x_1(t_0), x_2(t_0)) \neq 0$ が成り立ちます。ここで、$x(t)$ を式 (5.2.15) の任意の解とすると定理 5.2.1 より

$$\begin{pmatrix} x_1(t_0) & x_2(t_0) \\ \dot{x}_1(t_0) & \dot{x}_2(t_0) \end{pmatrix} \begin{pmatrix} c_1 \\ c_2 \end{pmatrix} = \begin{pmatrix} x(t_0) \\ \dot{x}(t_0) \end{pmatrix}$$

となる定数 c_1, c_2 があります。そこで、$\varphi(t) = c_1x_1(t) + c_2x_2(t)$ とおくと、$\varphi(t)$ は式 (5.2.15) の解で、$\varphi(t_0) = x(t_0), \dot{\varphi}(t_0) = \dot{x}(t_0)$ を満たします。t_0 は任意だから $x(t) = \varphi(t) = c_1x_1(t) + c_2x_2(t)$ となり、定理が証明されました。■

[ステップ 2] つぎに非同次方程式 (5.2.14) の一般解についてつぎの定理が成り立ちます。

非同次方程式の一般解

定理 5.2.4 式 (5.2.14) の一般解は式 (5.2.14) の 1 つの特殊解 $\phi(t)$ と式 (5.2.15) の一般解との和、すなわち、

$$x(t) = c_1x_1(t) + c_2x_2(t) + \phi(t) \tag{5.2.17}$$

で与えられる。ここで、$x_1(t), x_2(t)$ は式 (5.2.15) の基本解、c_1, c_2 は任意定数である。

[証明] 同次方程式 (5.2.15) の任意の解を $x(t)$、非同次方程式 (5.2.14) の特殊解を $\phi(t)$ とし、$y(t) = x(t) + \phi(t)$ とおき、

14 $\frac{d}{dt}W(x_1, x_2) = -a(t)W(x_1, x_2)$ より。

$\ddot{y}+a(t)\dot{y}+b(t)y$ を計算すると

$$\begin{aligned}\ddot{y}+a\dot{y}+by &= \left(\ddot{x}+\ddot{\phi}\right)+a\left(\dot{x}+\dot{\phi}\right)+b\left(x+\phi\right)\\ &= (\ddot{x}+a\dot{x}+bx)+\left(\ddot{\phi}+a\dot{\phi}+b\phi\right)\\ &= 0+f\\ &= f\end{aligned}$$

となり、y は非同次方程式 (5.2.14) の解であることが分かります。また、同次方程式 (5.2.15) の任意の解 $x(t)$ は基本解 $x_1(t), x_2(t)$ を使って、$x(t)=c_1x_1(t)+c_2x_2(t)$ と書くことができます(定理 5.2.3)。したがって、$y(t)=c_1x_1(t)+c_2x_2(t)+\phi(t)$ となり、これは任意定数を 2 個含んでいるので非同次方程式 (5.2.14) の一般解となります。■

最後に、非同次方程式 (5.2.14) の特殊解はつぎの定理により与えられます。

特殊解

定理 5.2.5 同次方程式 (5.2.15) の基本解 $x_1(t), x_2(t)$ が既知であるとき、式 (5.2.14) の特殊解 $\phi(t)$ は

$$\phi(t)=x_1\int\frac{-fx_2}{x_1\dot{x}_2-x_2\dot{x}_1}dt+x_2\int\frac{fx_1}{x_1\dot{x}_2-x_2\dot{x}_1}dt \tag{5.2.18}$$

で与えられる。

[証明のスケッチ] 同次方程式 (5.2.15) の任意の解は基本解の線形結合 $c_1x_1(t)+c_2x_2(t)$ で表されますが、c_1, c_2 の定数を未知関数 $u(t), v(t)$ に変えて $x(t)=u(t)x_1(t)+v(t)x_2(t)$ とおきます。これを非同次方程式 (5.2.14) に代入し、$\mathbf{w}(t)=\mathrm{col}(\dot{u}(t),\dot{v}(t))$ に関する方程式をたて、これを解けば定理が得られます。ただし、$\dot{u}(t)x_1(t)+\dot{v}(t)x_2(t)=0$ という条件を課します。■

問題 5.2.1 上の定理の証明を完成させなさい。定数を未知関数に置き換えて所望の解を見つける手法を**定数変化法**といいます。

5.2.4 定数係数 2 階線形微分方程式

§5.2.3 で準備が整いましたので、式 (5.2.12) を具体的に解いてみましょう。再度方程式を書くと

$$\ddot{x} + a\dot{x} + bx = f(t), \quad t > 0 \tag{5.2.19}$$

です。ここに、a, b は定数です（$a = b = 0$ は除きます[15]）。
［ステップ 1］まず、同次方程式

$$\ddot{x} + a\dot{x} + bx = 0 \tag{5.2.20}$$

の一般解を求めます。式 (5.2.20) に $e^{\lambda t}$ を代入すると

$$(\lambda^2 + a\lambda + b)e^{\lambda t} = 0 \tag{5.2.21}$$

を得ます。これより λ が 2 次方程式 $\lambda^2 + a\lambda + b = 0$ の解ならば $x(t) = e^{\lambda t}$ は式 (5.2.20) の解になります。式 (5.2.21) を式 (5.2.20) の**特性方程式**といいます。係数 a, b の大小関係により特性方程式の解は
(1) 2 つの相異なる実数解（$D = a^2 - 4b > 0$ の場合）
(2) 2 つの共役な虚数解（$D < 0$ の場合）
(3) 重根（$D = 0$ の場合）
と場合分けされます。

[15] $a = b = 0$ の場合は、求積法により求まる。

(1) 2つの相異なる実数解（$D = a^2 - 4b > 0$ の場合）

2つの相異なる実数解を $\lambda_{1,2}$ $(\lambda_1 < \lambda_2)$ とすると、基本解は $x_1(t) = e^{\lambda_1 t}$ と $x_2(t) = e^{\lambda_2 t}$ で与えられます。実際、$\lambda_1 + \lambda_2 = -a, \lambda_2 - \lambda_1 = \sqrt{D}$ ですから

$$\begin{aligned} W(x_1(t), x_2(t)) &= e^{\lambda_1 t}\lambda_2 e^{\lambda_2 t} - e^{\lambda_2 t}\lambda_1 e^{\lambda_1 t} \\ &= (\lambda_2 - \lambda_1)e^{(\lambda_1+\lambda_2)t} \\ &= \sqrt{D}e^{-at} \\ &\neq 0 \end{aligned}$$

を得ます。したがって、同次方程式 (5.2.20) の一般解は

$$x(t) = c_1 e^{\lambda_1 t} + c_2 e^{\lambda_2 t} \tag{5.2.22}$$

で与えられます。

[ステップ2] 非同次方程式 (5.2.19) の特殊解は式 (5.2.18) で与えられるので、結局式 (5.2.19) の一般解は

$$x(t) = c_1 e^{\lambda_1 t} + c_2 e^{\lambda_2 t} - e^{\lambda_1 t}\int \frac{f(t)e^{\lambda_2 t}}{\sqrt{D}e^{-at}}dt + e^{\lambda_2 t}\int \frac{f(t)e^{\lambda_1 t}}{\sqrt{D}e^{-at}}dt \tag{5.2.23}$$

と求まります。

問題 5.2.2　89頁の場合分け (2) および (3) について、同様にして非同次方程式の一般解を求めなさい。

問題 5.2.3　式 (5.2.19) で、(1) $a = b = 0$、(2) $a = 0, b \neq 0$、(3) $a \neq 0, b = 0$ の場合について解を具体的に求めなさい。

5.2.5　ラプラス変換を用いる手法

さて、電気工学では式 (5.2.13) などの回路方程式を解く場合には、ラプラス変換を用いる手法が常套手段となっています。

ラプラス変換の理論だけでも大著 [13] がありますが、ここではその応用面からの効用のみに着目し紹介に止めておきます [14]。まず、ラプラス変換の定義はつぎです。

ラプラス変換

定義 5.2.1 $f(t)$ を $0 < t < \infty$ で定義されている関数とするとき、つぎの積分

$$F(s) = \int_0^\infty e^{-st} f(t) dt \qquad (5.2.24)$$

によって、s を変数とする関数 $F(s)$ が新たに決められるならば、$F(s)$ を $f(t)$ の**ラプラス変換**といい、$F(s) = \mathcal{L}[f(t)]$ と書く。ここに s は一般には複素変数である。

ここで、$T < \infty$ に対して $\lim_{T\to\infty} \int_0^T e^{-st} f(t)dt$ が有限確定値を持つとき、式 (5.2.24) の右辺のように書くということは §3.3 で述べた通りです。また、$t \to +0$ のとき、$|f(t)| \to \infty$ となるときには、$\lim_{\varepsilon\to+0} \int_\varepsilon^T e^{-st} f(t)dt$ が存在するならば、これを $\int_0^T e^{-st} f(t)dt$ の定義とします。

$f(t)$ のラプラス変換 $F(s)$ が存在するための十分条件としてつぎがあります。

ラプラス変換が存在するための十分条件

定理 5.2.6　(1) $t \to \infty$ のときの $f(t)$ の条件
ある実数 a に対して T を十分大きくとると、$t > T$ なるすべての t に対して $|f(t)| < Me^{at}$ が成立することである。ここに、M はある定数である。
(2) $0 < T_1 < T_2 < \infty$ なる区間 $[T_1, T_2]$ での $f(t)$ の条件
区分的に連続であること。すなわち、任意の有限区間では不連続点が有限個しかなく、不連続点 d では有限な左右の極限値 $\lim_{t \to d+0} f(t) = f((b+0)$ と $\lim_{t \to d-0} f(t) = f((b-0)$ が存在すること。
(3) $t \to 0$ における $f(t)$ の条件
T_1 を $T_1 > 0$ なる 1 つの数とし、ε を $\varepsilon < T_1$ なる任意に小さな正の数とするとき、$\lim_{\varepsilon \to +0} \int_{\varepsilon}^{T_1} |f(t)| dt$ が存在すること。

定理 5.2.6 は有用ですが、1 つの十分条件であることに注意が必要です。実務で表れる多くの基本的な関数は定理 5.2.6 を満たしています。

反転公式

定理 5.2.7 $f(t)$ についてつぎを仮定する。
(1) $s = \xi + i\eta$ としてそのラプラス変換が $\xi > \alpha \in \mathbb{R}$ で絶対収束する。
(2) t の任意の有界区間で $f(t)$ は有界変動である。
このとき、$\xi > \alpha$ なるすべての ξ について f(t) の連続点では

$$f(t) = \frac{1}{2\pi i}\int_{\xi-i\infty}^{\xi+i\infty} e^{ts}F(s)ds \tag{5.2.25}$$

となり、また、f(t) の不連続点では

$$\frac{1}{2}\left(f(t+0)+f(t-0)\right) = \frac{1}{2\pi i}\int_{\xi-i\infty}^{\xi+i\infty} e^{ts}F(s)ds \tag{5.2.26}$$

である。$f(t)$ を $F(s)$ の**逆ラプラス変換**[a]といい、$f(t) = \mathcal{L}^{-1}[F(s)]$ と書く。

[a] 工学系の専門では「ラプラス逆変換」ともいう。

定理 5.2.7 より $f(t)$ と $F(s)$ は 1 対 1 に対応するという重要な事実が帰結できます。したがって、この事実より、$f(t)$ での解析が煩雑な場合、それを一旦ラプラス変換し $F(s)$ に移して解析し、その結果を逆ラプラス変換することにより $f(t)$ での解析結果を得ることができます。

では、具体的に回路方程式 (5.2.13) を一般化した式 (5.2.19) をラプラス変換を使って解いていきましょう。具体的な解を得るために係数と右辺の時間関数を $a = 3, b = 2, f(t) = \sin\ t$ とし、初期条件を $x(0) = 1, \dot{x}(0) = -1$ とします。このように設定した式 (5.2.19) の両辺をラプラス変換し、$X(s)(= \mathcal{L}[x(t)])$ で

整理するとつぎのようになります。

$$X(s)=\frac{1/(s^2+1)}{s^2+3s+2}+\frac{s+2}{s^2+3s+2}$$

これを部分分数展開し

$$X(s)=\frac{3/2}{s+1}-\frac{1/5}{s+2}+\frac{1/10}{s^2+1}-\frac{3s/10}{s^2+1}$$

を得、これを反転公式により逆ラプラス変換し

$$x(t)=\frac{3}{2}e^{-t}-\frac{1}{5}e^{-2t}+\frac{1}{10}\sin\ t-\frac{3}{10}\cos\ t$$

を解として得ることができます。実際には多くの場合、反転公式による計算は不要で公式表を用いれば足る問題がほとんどです。この例では、つぎのラプラス変換の公式を使いました。

$$\mathcal{L}[\dot{x}(t)]=sX(s)-x(+0)$$
$$\mathcal{L}[\ddot{x}(t)]=s^2X(s)-sx(+0)-\dot{x}(0)$$
$$\mathcal{L}[\sin\ \omega t]=\frac{\omega}{s^2+\omega^2}$$
$$\mathcal{L}[\cos\ \omega t]=\frac{s}{s^2+\omega^2}$$

多くの書物には、代表的な時間関数のラプラス変換と一般関係式が表として整備されています。実務家はこの表を駆使して代数演算だけで微分方程式の解を求めることができます。

以上を要約するとつぎの図のようになります。すなわち、常微分方程式の解法にラプラス変換を使うということは、代数方程式の解法に帰着できるということです。

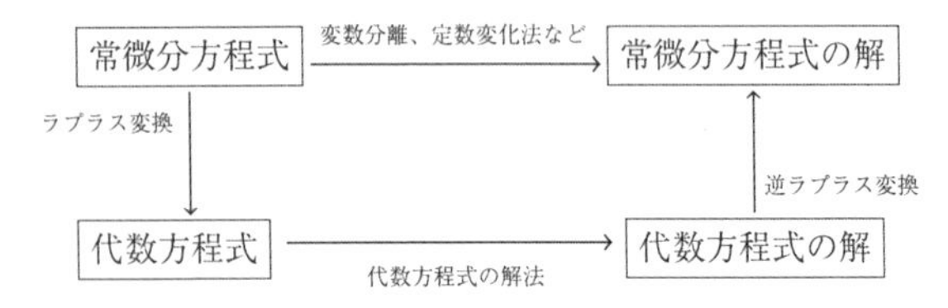

5.2.6 非線形微分方程式の取り扱い方

例えば、$\mathbf{u}(t) = \mathrm{col}(x(t), y(t))$ として

$$\dot{\mathbf{u}} = \mathbf{f}(x, y), \quad \mathbf{f} = \begin{pmatrix} g \\ h \end{pmatrix} \tag{5.2.27}$$

という 2 次元系で関数 g, h が変数 x, y に関して非線形であるときは、解を明示的に求めることはおおくの場合期待できません。このような場合、式 (5.2.27) を**平衡点**（$g(x_0, y_0) = 0, h(x_0, y_0) = 0$ を満たす点 (x_0, y_0) のこと）まわりで線形化し、その平衡点近傍での解の特性、特に安定性を解析する手法がよく使われます。平衡点の性質はヤコビ行列 $\mathrm{D}f(x, y)$

$$\mathrm{D}f(x, y) = \begin{pmatrix} \dfrac{\partial g(x, y)}{\partial x} & \dfrac{\partial g(x, y)}{\partial y} \\ \dfrac{\partial h(x, y)}{\partial x} & \dfrac{\partial h(x, y)}{\partial y} \end{pmatrix} \tag{5.2.28}$$

の平衡点での固有値[16]の正負により判断できます。粗くいえば、固有値が正の場合は**不安定**、負の場合は**安定**になり、また、対応する固有ベクトルの方向により (xy) 平面上での**解軌跡**の向きが決まります。いろいろな初期値に対して解軌跡を表したものを**相図**といいます。相図を用いて解の特性を判断します。詳しくは参考文献 [16] を参照してください。

さらに、常微分方程式が非線形になると、**極限周期軌道**（**リミットサイクル**）や**カオス**などの現象が起きる事があります。非線形はこのような豊穣な世界へと誘いますが、多少準備を必要としますので本書では割愛し、他の機会に譲ります。興味のある読者は参考文献 [16][18] などを参照してください。

[16] $\det(\lambda E - \mathrm{D}f(x_0, y_0)) = 0$ の根 λ のこと。

5.2.7　微分方程式の数値解法

前節で示したように微分方程式の解の振る舞いは相図を書けばおよそ分かりますが、応用面では、コンピュータを用いた数値解析が重要な位置を占めます。ルンゲ-クッタ法、アダムス法、ギア法などが代表的な数値解法の手法です。詳細は文献[19]を参照してください。ごく粗く言えばルンゲ-クッタ法は時間の刻み幅が一定に対して、アダムス法やギア法は時間の刻み幅を系の動きの速い部分と遅い部分で動的に変化させています。硬い系[17]は速い動きと遅い動きが混在しているので、時間刻み幅を動的に変化させる必要があります。

§5.2.1~ §5.2.6 において、常微分方程式の解法について外観してきました。この他、**解の存在性と一意性**は数学の重要なテーマですが、本書では触れることができませんので、文献[15][16]などを参照してください。

5.3　偏微分方程式

偏微分方程式の例として最も基本的な「熱方程式」[18]を取り上げ、**変数分離法**での解法を示します[17]。

例 5.3.1　熱方程式

熱方程式は温度[19]$u = u(x, t)$としてつぎのように書くことが

---

[17] 系の固有値が大きく離れている系のことをいう。
[18] または、拡散方程式ともいう。
[19] 単位は通常K（ケルビン）を使う。

できます[20]。

$$\frac{\partial u}{\partial t} = \kappa \frac{\partial^2 u}{\partial x^2} \tag{5.3.1}$$

ここで、x は空間（場所）、t は時間を表し、κ は「熱拡散率」[21]で定数です。熱方程式は、2 階 2 変数線形偏微分方程式で放物型といわれるものです。□

この他、線形偏微分方程式には、波動方程式の双曲型、ラプラス方程式の楕円型がありますが、これらについては巻末の参考文献を見てください。

5.3.1 熱方程式の導出

まず、この方程式の導出を試みてみましょう[22]。図 5.3.1 に示すロッド（棒）に熱が伝わる状況を考えます。熱エネルギー密度（単位体積当りの熱エネルギー）を $e(x,t)$ とします。熱量はロッドの断面で一定と仮定します。すなわち、断面内で熱の移動はないとすると、このロッドは空間 1 次元（x とする）として構わないということです。ロッドは均一に熱せられないため、e が x と t の両方に依存しています。そこで、場所 x と $x+\Delta x$ 間の薄くスライスしたロッドを考えます。この体積は $A\Delta x$ になり、このスライスでの全エネルギーは $e(x,t)$ にその

[20] 正確には、変数 x, t の範囲を指定し、どの領域で式 (5.3.1) を定義するか指定する必要がある。

[21] 単位は m^2/s である。

[22] 批判を承知で敢えていうと、物理現象を観察して方程式をたてるのは物理であり、それを具体的な条件で数値的に解くのが工学であり、数学では方程式の定性的な性質を議論することが多い。方程式をたてることは対象システムのモデリングであるが、重要な位置を占める。

体積をかけたものですからつぎのように書くことができます。

$$熱エネルギー = e(x,t)A\Delta x \tag{5.3.2}$$

熱流（単位面積当り右方へ流れる単位時間当りの熱エネルギーの量）を $\phi(x,t)$ とすると、スライスでの境界で単位時間当りに流れる熱エネルギーは

$$\phi(x,t)A - \phi(x+\Delta x,t)A \tag{5.3.3}$$

となります。もし、$\phi(x,t) < 0$ なら熱エネルギーは左方へ流れることを意味します。「熱エネルギー保存則」よりつぎが成り立ちます。

$$\frac{\partial}{\partial t}e(x,t)A\Delta x \approx \phi(x,t)A - \phi(x+\Delta x,t)A \tag{5.3.4}$$

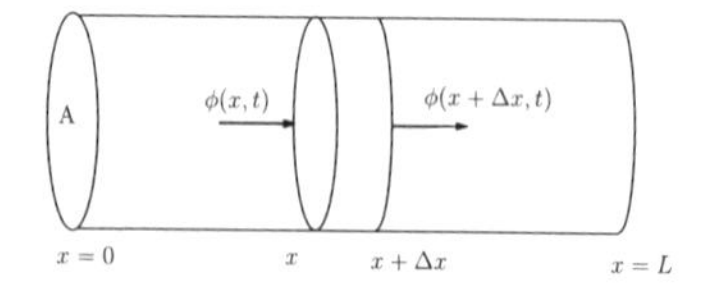

図 5.3.1　長さ L、断面積 A のロッド（棒）に熱が伝わる状況：熱流を $\phi(x,t)$ とする。

すなわち、スライスでの熱エネルギーの変化量は式 (5.3.3) にほぼ等しいということです[23]。式 (5.3.4) で Δx の極限をとると

$$\begin{aligned}\frac{\partial}{\partial t}e(x,t) &= \lim_{\Delta x\to 0}\frac{\phi(x,t)-\phi(x+\Delta x,t)}{\Delta x}\\ &= -\frac{\partial\phi}{\partial x}\end{aligned} \tag{5.3.5}$$

を得ます。ここで、e と ϕ は温度 u を使い、つぎのように書くことができます。

$$e(x,t) = c\rho u(x,t) \tag{5.3.6}$$

$$\phi = -K_0\frac{\partial u}{\partial x} \tag{5.3.7}$$

ここで、c、ρ はそれぞれ「比熱」[24]と「質量密度」[25]を表します。これらも本来は場所の関数ですが、簡単にするため一定としています。また、K_0 は「熱伝導率」[26]で、材質に依存し通常は実験により求めることができる定数です。式 (5.3.7) は、フーリエにより導かれた「熱伝導の法則」です。さて、式 (5.3.6)、(5.3.7) を (5.3.5) に代入すると式 (5.3.1) を得ます。ただし、$\kappa = \dfrac{K_0}{c\rho}$ です。

5.3.2 熱方程式の初期値境界値問題

さて、熱方程式の導出を §5.3.1 で行いましたが、この節では実際に式 (5.3.1) を解いてみましょう。再度、解くべき方程式

---

[23] 式 (5.3.4) で等号ではなく ≈ としたのは、Δx 内では e を一定としているからである。

[24] 単位は $\mathrm{J/kg\cdot K}$ である。

[25] 単位は $\mathrm{kg/m^3}$ である。

[26] 単位は $\mathrm{J/m\cdot s\cdot K}$ である。

をつぎのように書きます。

$$\begin{cases} \dfrac{\partial u}{\partial t} = \kappa \dfrac{\partial^2 u}{\partial x^2}, \quad 0 < x < L, \ \ t > 0 \\ \qquad \text{初期条件：} u(x,0) = f(x) \\ \qquad \text{境界条件：} u(0,t) = 0, u(L,t) = 0 \end{cases} \tag{5.3.8}$$

ここで、x は有限長で $0 < x < L$ にし、t は $t > 0$ としています。この問題では、初期条件を $u(x,0) = f(x)$ とし、境界条件を両端で 0 にしています[27]。このような問題を**初期値境界値問題**といいます。仮定として、$f(x)$ は区分的になめらか[28]な関数としておきます。

5.3.3 変数分離法

さて、式 (5.3.8) は**変数分離法**[29]という手法で解法が可能です。以下、変数分離法で式 (5.3.8) を解いていきましょう。

[ステップ 1] まず、求めるべき未知関数 u をつぎのように x の関数 $\phi(x)$ と t の関数 $T(t)$ の積の形にします。

$$u(x,t) = \phi(x)T(t) \tag{5.3.9}$$

式 (5.3.9) は、もともとの式 (5.3.8) を満たさねばならないので、式 (5.3.9) を式 (5.3.8) に代入すると

$$\phi(x)\frac{dT}{dt} = \kappa \frac{d^2\phi}{dx^2}T(t)$$

となり、$\kappa\phi(x)T(t)$ で両辺を割ると

$$\frac{1}{\kappa T}\frac{dT}{dt} = \frac{1}{\phi}\frac{d^2\phi}{dx^2} \tag{5.3.10}$$

---

[27] 境界条件は、この他に $\frac{\partial u}{\partial x}u(0,t)$ と $\frac{\partial u}{\partial x}u(L,t)$ で与える場合もある。

[28] 区分的になめらかとは、関数 $f(x)$ が連続である区分に分割でき、$\frac{df}{dx}$ もまた連続であること。

[29] D. ベルヌーイにより 1700 年代に発見された。

を得ます。式 (5.3.10) をよく見ると左辺は t だけの関数、右辺は x だけの関数となっていることが分かります[30]。したがって、両辺は定数でなければならず、つぎのように書くことができます。

$$\frac{1}{\kappa T}\frac{dT}{dt} = \frac{1}{\phi}\frac{d^2\phi}{dx^2} = -\lambda \tag{5.3.11}$$

ここで、$\lambda \geq 0$ の定数としておきます。この理由は後ほど明らかになります。

[ステップ 2] 式 (5.3.11) で変数分離ができたので、この方程式を便宜的につぎのように書きます。

$$\frac{dT}{dt} = -\lambda\kappa T \tag{5.3.12}$$

$$\frac{d^2\phi}{dx^2} = -\lambda\phi \tag{5.3.13}$$

式 (5.3.12) の解法

まず、$T(t) = 0$ は式 (5.3.12) を満たすので 1 つの解となり得ますが、これを式 (5.3.9) に代入すると、$u(x,t) = 0$ となり求める温度は常に 0 となります。$u(x,t) = 0$ は「自明解」といい、同次境界条件での同次偏微分方程式ではいつでもこの自明解を持ちます。私たちの興味のある解は自明解ではないので、式 (5.3.12) の解を

$$T(t) = ae^{-\lambda\kappa t}, \quad \lambda \geq 0 \tag{5.3.14}$$

とします[31]。この段階では a は任意定数で後ほど初期条件と境界条件から決定されます。$\lambda \geq 0$ としたことを思い出してください。式 (5.3.14) で $\lambda < 0$ とすると、$T(t)$ すなわち温度は時間

[30] この事実より変数分離法という名称が付いている。

[31] この解き方は §5.2.1 で学びました。

とともに指数関数的に増大することになり、これは物理的な要請から排除されるべきです。これは証明することではなく、私たちはそのような物理的にあり得ない解には興味がないということです。

式 (5.3.13) の解法

つぎに、式 (5.3.13) に進みましょう。境界条件より $\phi(0) = 0, \phi(L) = 0$ を満たさねばなりません。再度解くべき方程式を明確に書くとつぎのようになります。

$$\begin{cases} \dfrac{d^2\phi}{dx^2} = -\lambda\phi, \quad 0 < x < L \\ \text{境界条件}:\phi(0) = 0, \phi(L) = 0 \end{cases} \tag{5.3.15}$$

この場合も自明解 $\phi(x) = 0$ がありますが、これもやはり $u(x,t) = 0$ となり私たちの興味の対象ではありません。バネ－マス系で扱った初期値問題であれば唯一な解の存在性が比較的容易にいえますが、式 (5.3.15) のように境界値問題では、解の存在性と唯一性を保証する簡単な理論はありません。ここでは、**固有値**といわれる λ の特別な値に対して、非自明解 $\phi(x)$ の存在を示しましょう。非自明解 $\phi(x)$ は、固有値 λ に対する**固有関数**といわれます。以下に (1)$\lambda > 0$、(2)$\lambda = 0$ の場合に分けて解いていきます。

(1) $\lambda > 0$ の場合

式 (5.3.15) の特性根は $e^{\pm i\sqrt{\lambda}x}$ となりますが、欲しいのは実数解ですから $\cos\sqrt{\lambda}x$ と $\sin\sqrt{\lambda}x$ を選ぶのがいいでしょう。したがって、一般解は

$$\phi(x) = c_1\cos\sqrt{\lambda}x + c_2\sin\sqrt{\lambda}x \tag{5.3.16}$$

となります。c_1, c_2 は任意定数です。ここで上式に境界条件を適用します。$\phi(0) = 0, \phi(L) = 0$ より

$$c_1 = 0,\ c_2\sin\sqrt{\lambda}L = 0$$

を得、固有値 λ は

$$\lambda = \left(\frac{n\pi}{L}\right)^2, \quad n = 1, 2, 3, \ldots \tag{5.3.17}$$

と求めることができます。したがって、この固有値に相当する固有関数は

$$\phi(x) = c_2 \sin\frac{n\pi x}{L}, \quad n = 1, 2, 3, \ldots \tag{5.3.18}$$

となります。

(2) $\lambda = 0$ の場合

これは読者の問題 5.3.1 にします。

[ステップ 3] 以上で $\phi(x)$（式 (5.3.18)）と $T(x)$（式 (5.3.14)）が決まりましたので、これらを式 (5.3.9) へ代入し

$$u(x, t) = b \sin\frac{n\pi x}{L} e^{-\kappa(n\pi/L)^2 t}, \quad n = 1, 2, 3, \ldots \tag{5.3.19}$$

と求まります。ただし、b は $c_2 a$ を改めて 1 つの定数としたものです。この解を「特解」といいます。ここで注意すべきは、式 (5.3.19) は n の任意の正の整数に対して成り立つということです。そこで、「重ね合わせの原理」を使います。すなわち、熱方程式 (5.3.8) は線形同次方程式ですから、式 (5.3.20) の線形結合

$$u(x, t) = \sum_{n=1}^{\infty} b_n \sin\frac{n\pi x}{L} e^{-\kappa(n\pi/L)^2 t} \tag{5.3.20}$$

が、解となります。残るは上式の係数 b_n を決めることです。これには初期条件を使い $u(x, 0) = f(x)$ ですから

$$f(x) = \sum_{n=1}^{\infty} b_n \sin\frac{n\pi x}{L} \tag{5.3.21}$$

となります。式 (5.3.21) は**フーリエサイン級数**になっています。サイン関数の直交性

$$\int_0^L \sin\frac{m\pi x}{L}\sin\frac{n\pi x}{L}dx = \begin{cases} 0, & m \neq 0 \\ \dfrac{L}{2}, & m = n \end{cases} \tag{5.3.22}$$

を使えば

$$\begin{aligned} \int_0^L f(x)\sin\frac{m\pi x}{L}dx &= \sum_{n=1}^{\infty} b_n \int_0^L \sin\frac{n\pi x}{L}\sin\frac{m\pi x}{L}dx \\ &= b_m \int_0^L \sin^2\frac{m\pi x}{L}dx \\ &= b_m \frac{L}{2} \end{aligned} \tag{5.3.23}$$

となり[32]、したがって、b_m は

$$b_m = \frac{2}{L}\int_0^L f(x)\sin\frac{m\pi x}{L}dx, \quad m = 1, 2, 3, \ldots \tag{5.3.24}$$

と求まります。よって、温度である $u(x,t)$ はつぎのように書くことができました。

$$u(x,t) = \sum_{n=1}^{\infty}\frac{2}{L}\int_0^L f(x)\sin\frac{n\pi x}{L}dx \sin\frac{n\pi x}{L}e^{-\kappa(n\pi/L)^2 t} \tag{5.3.25}$$

[ステップ4] さて、式 (5.3.25) で一応解を求めることができましたが、多少議論すべきことがあります。

(1) 式 (5.3.21) において、右辺の無限級数が左辺の $f(x)$ に収束するか。

(2) 式 (5.3.25) は t に関して連続か。

[32] 式 (5.3.23)1 行目で右辺は $n = m$ のときのみその値を持つので、同2行目で n を m におきかえている。

(3) 解は式 (5.3.25) 以外にないか（唯一か）。

という問題です。(1) の問題に対してはまず、**リーマン–ルベーグの定理**を引用します。

リーマン – ルベーグの定理

定理 5.3.1 $f(x)$ は $a \leq x \leq b$ で区分的になめらか[a]であると仮定する。このときつぎが成り立つ。

$$\begin{cases} \lim_{\nu \to \infty} \int_a^b f(x) \cos \nu x dx = 0, \\ \lim_{\nu \to \infty} \int_a^b f(x) \sin \nu x dx = 0. \end{cases} \tag{5.3.26}$$

したがって、$f(x)$ のフーリエ係数は 0 に収束する。

[a] 厳密には $\Omega = \{x \mid a \leq x \leq b\}$ として $f \in L^1(\Omega)$ であればよい。ここで、$L^1(\Omega) = \{f \mid f$ は Ω 可測関数、$\int_\Omega |f(x)|dx < \infty\}$. 詳しくは §3.4 参照

リーマン–ルベーグの定理により式 (5.3.21) 右辺のフーリエサイン級数は収束します。したがって、式 (5.3.25) の右辺も収束します。

♠♠♠

注意 5.3.1 フーリエ級数は物理的な問題においては、多くの場合、うまく機能する。

(2) の問題についても答えは肯定的です。その内容は多少厄介で**ワイエルシュトラスの定理**と**アーベルの定理**が必要になります。この部分は省略します。また、問題 (3) については、解は唯一であることがいえます。2 つの解があったとしてその差が

0となることがいえます。

♠♠♠

注意 5.3.2 応用では、式 (5.3.25) で無限大まで級数和をとることはできない。しかし、n が大きくなると対応する項は、時間とともに指数関数的に減少するので最初の数項をとれば十分よい近似が得られる。

ここで紹介した変数分離法は最も基本的な解析的な解法です。しかし、空間2次元の場合線形偏微分方程式にしても、境界条件が複雑になると差分方程式に変え数値的に解かざるを得なくなります。数値計算法だけでも一大研究分野を形成しています。

最後に、図 5.3.2、5.3.3 に数値計算例を示しておきます。図 5.3.2 は式 (5.3.8) において、$\kappa = 1, L = 10, f(x) = 10\sin\dfrac{3\pi}{L}x$ としたときの $u(x,t)$ の時間発展を示しています。同様に図 5.3.3 は、$\kappa = 1, L = 10, f(x) = \begin{cases} 10 \ (3 < x < 7), \\ 0 \ (\text{それ以外}) \end{cases}$ の場合です。

問題 5.3.1 103頁の $\lambda = 0$ の場合について考察しなさい。
(ヒント：この場合、温度は自明解となる。)

問題 5.3.2 熱方程式の初期値境界値問題 (5.3.8) において、初期条件を $u(x,0) = \sin\dfrac{3\pi}{L}x + \sin\dfrac{7\pi}{L}x$ とし、解を求めなさい。

問題 5.3.3 熱方程式の初期値境界値問題 (5.3.8) において、境界条件を $u(x,0) = \sin\dfrac{3\pi}{L}x + \sin\dfrac{7\pi}{L}x$ とし、解を求めなさい。

問題 5.3.4 つぎの初期値境界値問題を本文にならって解きな

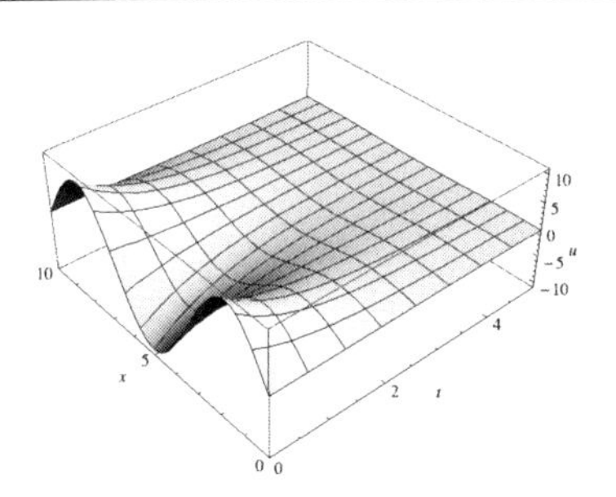

図 5.3.2 式 (5.3.8) において、$\kappa = 1, L = 10, f(x) = 10\sin\dfrac{3\pi}{L}x$ としたときの $u(x,t)$ の時間発展を示す。

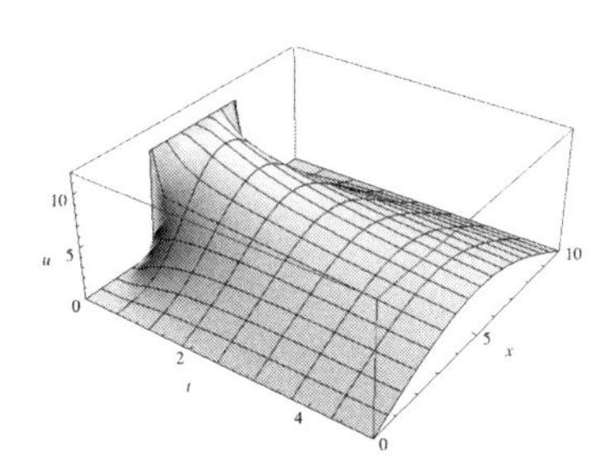

図 5.3.3 初期条件を $f(x) = 10$ $(3 < x < 7), 0$ (それ以外) とした場合。それ以外のパラメータは図 5.3.2 に同じ。

さい。ただし、$f(x)$ は区分的になめらかな関数とします。

$$\begin{cases} \dfrac{\partial u}{\partial t} = \kappa\dfrac{\partial^2 u}{\partial x^2}, \quad 0 < x < 2\pi, \ \ t > 0 \\ \qquad \text{初期条件}：u(x,0) = f(x) \\ \qquad \text{境界条件}：u(0,t) = u(2\pi,t) \\ \qquad\qquad\qquad \dfrac{\partial u(0,t)}{\partial x} = \dfrac{\partial u(2\pi,t)}{\partial x} \end{cases} \tag{5.3.27}$$

第 6 章

確率

6.1 確率とは—コイントスを例として—

確率という言葉は日常でも使われますが、数学の意味する確率とはかなりかけ離れて使われています。分かりやすい例としてコイントス[1]を挙げて話を進めましょう。ただし、コインに細工はなく、投げ方も恣意的でないとします。このコイントスで「表」と「裏」の出る確率は、表も裏もどちらも $\frac{1}{2}$ であると誰でも直感的に答えます。では、これからこのコイントスをいつも頭に浮かべながら数学での確率を見ていきましょう。誤解を避けるためにあえていえば、コイントスは表裏の賭けではなく確率を決めることです。さらに、コイントスを何回も続けると時系列が発生し、ブラウン運動という重要な内容へと発展していきます。まず、用語の定義をいくつかします [20][21][22]。

[1] コイントスは力学の問題で偶然性が入り込む余地がなく、確定系であると考える人は、コイントスの代わりに、中が見えない袋の中に入った白と黒のボール（形状、材質は同じ）を任意に 1 つ取り出す問題と読み替えてください。

確率に関する用語の定義

定義 6.1.1

- **試行**：偶然に左右されると考えられる実験や観測のこと（コイントスをすること）。
- **全事象** Ω：空でない集合。
- **根元（源）事象** ω：Ω の元で偶然を支配するパラメータ（例えば、表を ω_1、裏を ω_2 と書く）。
- **事象**：根元事象を要素とする集合で全事象の特別な[a]部分集合（大文字のアルファベットで書き、$A = \{\omega_1\}$、$B = \{\omega_2\}$ などと表す）。
- **余事象**：全事象 Ω から事象 A を引いた差集合 $\Omega \backslash A$。Ω における A の補集合のこと（A が表を表す事象なら、この余事象は B（裏）となる）。
- **空事象**：全事象 Ω の補集合 Ω^c のこと。空事象は全く実現しない事象で ϕ と書く。（表でも裏でもないこと。）

[a] 完全加法族 [21]。

コイントスの場合、全事象は $\Omega = \{\omega_1, \omega_2\}$ となります。全事象 Ω は、しばしば**標本空間**とも呼びます。

事象 A の起きる確率を $P(A)$ で表します。すると、空事象は全く実現しない事象ですから、$P(\phi) = 0$（表も裏も出ない確率は 0）となり、全事象 Ω は必ず起きる事象ですから $P(\Omega) = 1$（表か裏かどちらかは必ず出る）となります。また、（表が出る）

事象 A の確率は $P(A) = \dfrac{1}{2}$ とします[2]。コルモゴロフ [20] は、確率の公理をつぎのように定めました。

確率の公理

公理 6.1.1 (1) 任意の事象 $A(\subset \Omega)$ に対して $P(A) \geq 0$.
(2) $P(\Omega) = 1$.
(3) 互いに排反 $(A \cap B = \phi)$ である任意の事象 $A, B(\subset \Omega)$ に対して

$$P(A \cup B) = P(A) + P(B).$$

ここで、$A \cup B$ は事象 A、B のどちらかが起きる事象、$A \cap B$ は事象 A、B が同時に起きる事象を表し、それぞれ**和事象**、**積事象**と呼ばれています。公理 6.1.1 の (3) は**有限加法性**といわれる性質で確率の本質をなすものです。公理 6.1.1 より、つぎの定理が得られます。

確率の性質

定理 6.1.1 (1) $P(A^c) = 1 - P(A)$.
(2) 任意の事象 A、B ($\subset \Omega$) に対して

$$P(A \cup B) = P(A) + P(B) - P(A \cap B).$$

(3) $P(\phi) = 0$.
(4) $A \subset B$ に対して $P(A) \leq P(B)$ が成り立つ。

証明は、簡単ですので読者みなさんの問題とします。公理 6.1.1

[2] $\dfrac{1}{2}$ は、試行により客観的には求めることができない確率で、これを**主観確率**という。主観確率に対して試行から求められる確率を**客観確率**という。これらの用語は哲学的な意味合いを持ち、確率そのものがある意味哲学的でもある。

よりすべて導くことができます。おおくの確率論の入門書に書かれていますが、自ら試みることが大切です。

問題 6.1.1 定理 6.1.1 を証明しなさい。

もう少し準備が必要です。それは**確率変数**と**確率分布**の概念を把握しておく必要があります。確率変数とは、標本空間 Ω 上に定義された関数のことです。コイントスでは、標本空間は $\Omega = \{\omega_1, \omega_2\}$ です。ω_i はコイントスの根元事象、すなわち表か裏です。このとき例えば、Ω 上の関数 X をつぎのように定義します。

$$X(\omega_1) = 1, \quad X(\omega_2) = 0$$

すなわち、この確率変数[3]の値は表が出たら 1、裏が出たら 0 となるように定義しました。この確率変数 X に対して次のような確率が考えられます[4]。

$$P(X = 1) = \frac{1}{2}, \quad P(X = 0) = \frac{1}{2} \tag{6.1.1}$$

この X の値と確率の関係を確率変数 X の確率分布といいます。

ここまで準備してきましたのでコイントスの問題に戻りましょう。1 回だけコインを空中に投げたとき表と裏が出る確率は、等確率と仮定すれば式 (6.1.1) となります。このような事象を**同様に確からしい**といいます。

さて、ここでコイントスを複数回試行することを考えましょう。第 n 回目の試行の確率変数を X_n とします。X_n の取る値は表が出れば 1、裏が出れば 0 とします。確率変数の列

[3] X は根元事象の関数であるが、X の取り得る値とその確率を対応させると変数ということになる。

[4] 主観確率として考えている。試行によって得られた客観確率ではない。

$X_1, X_2, \ldots$ は**独立**、**同分布**[5]とします。確率変数 X_i と X_j が独立とは $P(X_i \leq a \cap X_j \leq b) = P(X_i \leq a)P(X_i \leq b)$ のことであり、$P(X_i \leq a)$ と $P(X_j \leq b)$ が互いに影響を及ぼさないことです。また、同分布とは、1 つの同じコインを投げ続けるためにその確率分布は同じであることをいいます。つぎの命題を吟味する前に、期待値の定義を与えておきましょう。

期待値

定義 6.1.2 確率変数 X のとる値が x_k であるとき、その確率を p_k とする。すなわち、

$$P(X = x_k) = p_k, \quad (k = 0, 1, 2, \ldots) \tag{6.1.2}$$

のとき、確率変数 X の期待値を $E(X)$ と書き

$$E(X) = \sum_{k=0}^{\infty} x_k p_k \tag{6.1.3}$$

で定義する。

♠♠♠

注意 6.1.1 定義 6.1.2 において、ある N があり、その N より大きな k では $p_k = 0$ ならば式 (6.1.3) の右辺は $\sum_{k=0}^{N} x_k p_k$ となります。

コイントスの場合は、$P(X = 1) = p, P(X = 0) = 1 - p$（表が出る確率を p、裏が出る確率を $1 - p$）とすれば、$E(X) = 1 \times p + 0 \times (1 - p) = p$ となります。

[5] 「独立、同分布」を **i.i.d.**（independent and identically dsitributed）と略記する。

コイントス

命題 6.1.1 コイントスにおいて、$X_1, X_2, \ldots$ を確率変数とし、表が出れば 1、裏が出れば 0 とする。すなわち、表、裏の根元事象をそれぞれ ω_1, ω_2 とすると、$X_i(\omega_1) = 1, X_i(\omega_2) = 0$ とする。確率変数列 $X_1, X_2, \ldots$ は i.i.d.（独立同分布）とし、その期待値 $E(X_k) = p$ $(0 \leq p \leq 1, k = 1, 2, \ldots)$ を仮定する。このとき、標本平均 $S_n = \dfrac{X_1 + X_2 + \cdots + X_n}{n}$ の期待値も p である。

♠♠♠

注意 6.1.2 $E(X_k) = p$ $(0 < p \leq 1, k = 1, 2, \ldots)$ の仮定は、各試行において、表が出る確率を p（固定値）、裏が出る確率を $q(= 1 - p)$ としたということで、確率変数列 $X_1, X_2, \ldots$ は i.i.d. だからこの仮定は妥当なものです。

♠♠♠

注意 6.1.3 命題 6.1.1 は、各試行の期待値 p（固定値）を決めれば、標本平均の期待値は、コインを投げる回数に関わらず p であることをいっています。

[命題 6.1.1 の証明]
標本平均 S_n の期待値はつぎのように計算できます[6]。

$$\begin{aligned} E(S_n) &= \frac{1}{n}E(X_1 + X_2 + \cdots + X_n) \\ &= \frac{1}{n}(E(X_1) + E(X_2) + \cdots + E(X_n)) \\ &= \frac{1}{n}(p + p + \cdots + p) \\ &= p \end{aligned} \tag{6.1.4}$$

■

つぎに大数の法則を説明しましょう。**大数の法則**は、「標本平均は母平均に確率の意味で収束する」ことを意味します。

大数の法則

定理 6.1.2 標本平均を $S_n = \dfrac{X_1 + \cdots + X_n}{n}$ とする。確率変数列 X_i は i.i.d. でその分布は確率変数 X の分布と一致しているとする。このとき、確率変数 X の期待値 $E(X)$ についてつぎの関係が成り立つ。

$$P(\lim_{n\to\infty} |S_n - E(X)| = 0) = 1 \tag{6.1.5}$$

すなわち、大数の法則によれば標本平均の n の極限をとれば、$E(X)$ の値を仮定しないで $E(X)$ を求めることができます。つまり表が出る確率が p のコインを投げ続ければ i.i.d. のもとで $E(X) = p$ となります。

命題 6.1.1 や大数の法則からもコイントスで表や裏の出る確率が $\frac{1}{2}$ というのは出てきません。表が出る確率が $\frac{1}{3}$ のコイン

[6] 期待値という演算子は線形である。

を投げ続ければ、その母平均[7]は $\frac{1}{3}$ になるということです。

このように現在の数学でいう確率は、コルモゴロフの確率の公理 6.1.1 を満たす P を確率と呼んでいます。確率は公理 6.1.1 を満たすといっているだけで無定義です。応用は考えていません。逆説的ですが、数学は応用には無関心ですので、応用分野が広いともいえるでしょう。このような確率を**主観確率**または**公理的確率**といいます。

6.2　コイントスのシミュレーション

この節では、コイントスのシミュレーションを実施し「客観的」にその様子を見ていきましょう。シミュレーションを実施する前に、コイントスの確率変数列 $X_1, X_2, \ldots$ のとる**確率分布**を考えましょう。今、$X_k = 1$ に対する確率を p とします。すなわち、表の出る確率を p とします。すると、裏の出る確率は $1 - p$ ですから結局

$$P(X_k = 1) = p, \quad P(X_k = 0) = 1 - p \quad (k = 1, 2, \ldots) \tag{6.2.1}$$

となります。このような i.i.d. である確率変数列 $X_1, \ldots, X_n$ を**ベルヌーイ列**といいます。ベルヌーイ列をなす確率変数列の和 $S_n = X_1 + \cdots + X_n$ の確率分布は

$$P(S_n = k) = \binom{n}{k} p^k (1 - p)^{n-k} \quad (k = 0, 1, \ldots, n) \tag{6.2.2}$$

に従います。この確率分布を **2 項分布**といいます。ここで、

$$\binom{n}{k} = {}_nC_k = \frac{n!}{k!(n-k)!}$$

[7] 統計学において Ω を**母集団**といい、その平均値を**母平均**という。

であり、異なる n 個から k 個（$0 \leq k \leq n$）を取り出す組み合わせの総数を表し、**2 項係数**と呼ばれるものです。

例 6.2.1　2 項分布
(1) $n = 1$ では $S_1 = X_1$ となり、$S_1 = 1$ または $S_1 = 0$ であるのでそれぞれの確率を求めると

$$P(S_1 = 1) = p, \quad P(S_1 = 0) = 1 - p$$

となります。
(2) $n = 2$ では $S_2 = X_1 + X_2$ となり、X_1 と X_2 は独立であるから S_2 の取り得る値は $2, 1, 0$ の 3 通りになり

$$\begin{aligned}
P(S_2 = 2) &= P(X_1 + X_2 = 2) = P(X_1 = 1, X_2 = 1) \\
&= P(X_1 = 1) \times P(X_2 = 1) = p^2, \\
P(S_2 = 1) &= P(X_1 + X_2 = 1) \\
&= P(X_1 = 1, X_2 = 0) + P(X_1 = 0, X_2 = 1) \\
&= 2p(1 - p), \\
P(S_2 = 0) &= P(X_1 + X_2 = 0) = P(X_1 = 0, X_2 = 0) \\
&= (1 - p)^2,
\end{aligned}$$

となります。以下同様です。□

問題 6.2.1　$n = 3$ と 4 の場合の 2 項分布を求めてグラフに描きなさい。ただし、$p = \frac{1}{2}$ とします。

図 6.2.1 に $n = 100$ としたときの 2 項分布を示しておきましょう。p の値は、左の山から順に右へ $p = \frac{1}{3}, \frac{1}{2}, \frac{2}{3}$ とした場合です。$p = \frac{1}{2}$ のときには例えば、$P(45 \leq S_{100} \leq 55) \approx 0.729$ が得られます。すなわち、100 回のコイントスで表が 45 回から 55 回出る確率はおよそ 73% になります。

2 項分布は**中心極限定理**により n を増やせば**正規分布**に近づ

きます。中心極限定理とは平たくいえば、正規分布に従わない母集団から得られた無作為標本の標本平均が従う確率分布も近似的に正規分布に従うというものです。詳しくは参考文献 [22] を見てください。

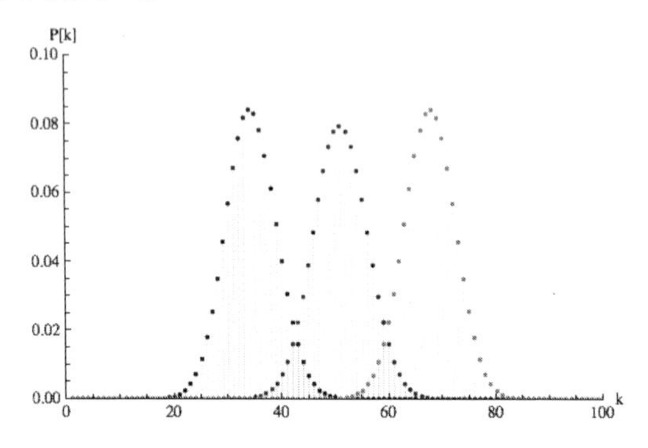

図 6.2.1　2 項分布：$n = 100$、p の値は、左の山から順に右へ $p = \frac{1}{3}, \frac{1}{2}, \frac{2}{3}$.

さて、コインを 100 回投げるシミュレーションをしてその結果を見ましょう[8]。例えば、表、裏の出る回数がそれぞれ 57 回、43 回と得られるでしょう。この回数はシミュレーションごとに異なってきます。もちろん同じになることもあるでしょう。

ここで、試行回数を増やして大数の法則を見ていきましょう。コイントスの試行回数を $10, 10^2, 10^3, 10^4, 10^5, 10^6$ として表の出た回数／試行回数を計算し、それをグラフにしたものが図 6.2.2 です[9]。標本平均が $\frac{1}{2}$ 近くに収束していく様子が分かります[10]。

[8] コードは §A 附録の CODE 6.1.1。

[9] ただし、乱数のシードは試行回数に関わらず一定として計算してある。

[10] うるさいことをいえば、乱数を発生させる Mathematica のコマンド `RandomChoice[ ]` は等確率で表、裏を選択するので、この段階で $E(X) = \frac{1}{2}$ と決めているようなものである。

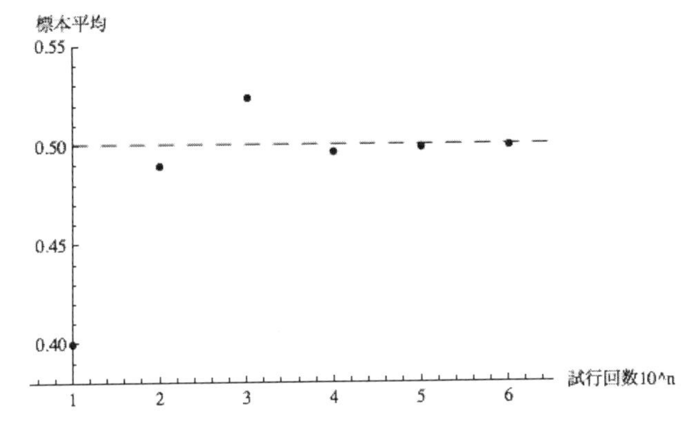

図 6.2.2 CODE 6.1.1 でコイントスの試行回数を $10, 10^2, 10^3, 10^4, 10^5, 10^6$ として表の出た回数／試行回数。

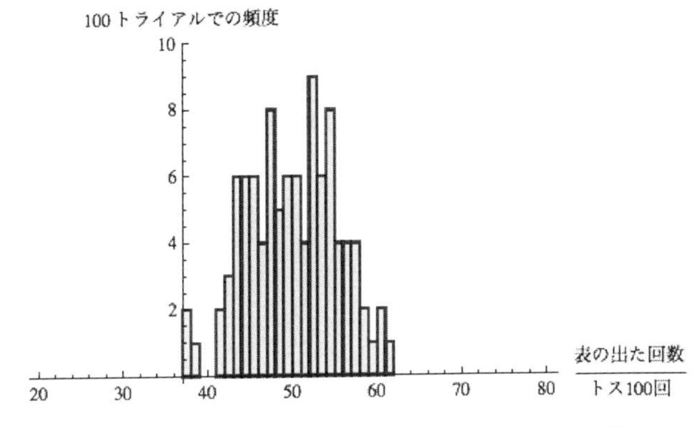

図 6.2.3 コイントスの表が出たヒストグラム：100 回の試行を 1 セットとして 100 セット実施した結果。

つぎに、コインを 100 回投げる試行を 1 セットとし、それを 100 セット繰り返すシミュレーションをしてみましょう[11]。図 6.2.3 は、表が出たヒストグラムを表しています。同様に、試行回数を 500 回、1000 回としたときの結果が図 6.2.4 です。図 6.2.3 と図 6.2.4 は得られたデータの分布で**経験分布**と呼ばれるものです。セット数を無限大にすれば中心極限定理により、この経験分布は理論分布の正規分布となります。

[11] コードは §A 附録の CODE 6.1.2。

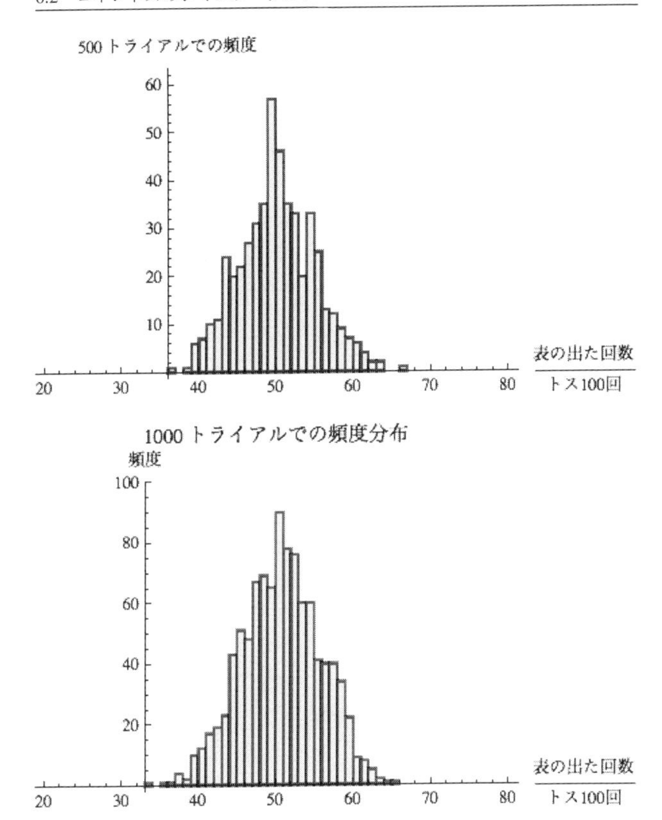

図 6.2.4　コイントスの表が出たヒストグラム：100 回の試行を 1 セットとして 500 セット（上図）および 1000 セット実施した結果（下図）。

6.3 確率密度関数

この節では、文字列の作り出す分布や単語の出現頻度などを見ていき、文学作品（太宰治の「走れメロス」を題材にして）を数理的に解析しながら、**確率密度関数**や**正規分布**について解説します。同作品から適当な部分原稿用紙約1枚分（400字）を以下に抽出しました[12]。

(*「走れメロス」より *)
私は、今宵、殺される。殺される為に走るのだ。身代りの友を救う為に走るのだ。王の奸佞邪智を打ち破る為に走るのだ。走らなければならぬ。そうして、私は殺される。若い時から名誉を守れ。さらば、ふるさと。若いメロスは、つらかった。幾度か、立ちどまりそうになった。えい、えいと大声挙げて自身を叱りながら走った。村を出て、野を横切り、森をくぐり抜け、隣村に着いた頃には、雨も止み、日は高く昇って、そろそろ暑くなって来た。メロスは額の汗をこぶしで払い、ここまで来れば大丈夫、もはや故郷への未練は無い。妹たちは、きっと佳い夫婦になるだろう。私には、いま、なんの気がかりも無い筈だ。まっすぐに王城に行き着けば、それでよいのだ。そんなに急ぐ必要も無い。ゆっくり歩こう、と持ちまえの呑気さを取り返し、好きな小歌をいい声で歌い出した。ぶらぶら歩いて二里行き三里行き、そろそろ全里程の半ばに到達した頃、降って湧いた災難、メロスの足は、はたと、とまった。

[12] 青空文庫 http : // www.aozora.gr.jp/より。

総文字数は 412 文字です。ここで、句読点の数を調べてみましょう。まず、句点を数えると、19 個です。したがって、この文章は 19 文から構成されています。つぎに、この 19 文のそれぞれの文字数を数えて、グラフにすると図 6.3.1 のようになります。図 6.3.1 は文体のリズムを表しています。

つぎに、一文の文字数のヒストグラムを作成すると図 6.3.2 となります。**階級**[13] は 5 文字にしてあります。この図から**対数正規分布**のようになっていることが分かります。文献[14] は、芥川龍之介と太宰治の文の長さの分布について計量分析を行いこれが対数正規分布になっていることを報告しています。

ここで、正規分布と対数正規分布についてまとめておきましょう。これらは代表的な連続型の分布です。確率変数 X に

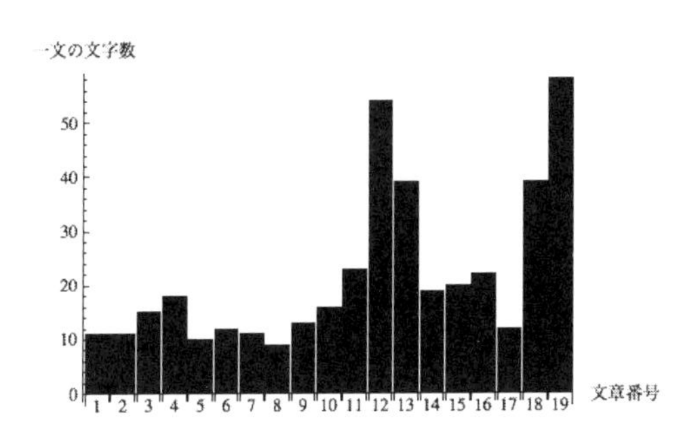

図 6.3.1 走れメロス（122 頁）の一文の文字数の棒グラフ。横軸は文章番号を表す。

[13] ヒストグラムの横軸の区間のそれぞれを階級という。図 6.3.2 の場合の階級は、$0-5, 5-10, \ldots, 55-60$ となる。

[14] 新井皓士、文長分布の対数正規分布性に関する一考察—芥川と太宰を事例として、一橋論叢、Vol.125、No.3、205/223、2001.

対して、$a \leq X \leq b$（a, b は定数）となる確率が

$$P(a \leq X \leq b) = \int_a^b f(x)dx \tag{6.3.1}$$

で与えられる関数 $f(x)$ を**確率密度関数**と呼びます。ただし、$f(x)$ は

$$f(x) \geq 0 \quad (-\infty < x < \infty), \quad \int_{-\infty}^{\infty} f(x) = 1 \tag{6.3.2}$$

を満たします。この $f(x)$ が

$$f(x) = \frac{1}{\sqrt{2\pi}\sigma}\exp\left\{-\frac{(x-\mu)^2}{2\sigma^2}\right\} \tag{6.3.3}$$

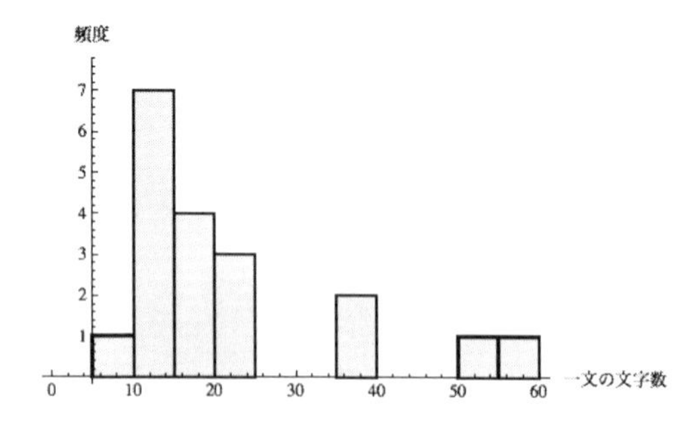

図 6.3.2　走れメロス（122 頁）の一文の文字数に対するその頻度。

で与えられる分布を**平均**[15]μ、**分散** σ^2 の正規分布といい、$N(\mu,\sigma^2)$ と書きます。また、

$$f(x) = \frac{1}{\sqrt{2\pi}\sigma x}\exp\left\{-\frac{(\ln x-\mu)^2}{2\sigma^2}\right\}, 0 < x < \infty \tag{6.3.4}$$

で与えられる分布を対数正規分布といい、$LN(\mu,\sigma^2)$ と書きます。ただし、対数正規分布においては μ,σ^2 は平均、分散に対応しませんので、注意が必要です。ちなみに、対数正規分布の平均 $E(X)$、分散 $V(X)$ はそれぞれ

$$E(X) = \exp\left\{\mu+\frac{\sigma^2}{2}\right\},\quad V(X) = \exp\left\{2\mu+\sigma^2\right\}(\exp(\sigma^2)-1) \tag{6.3.5}$$

となります。特に、正規分布は統計的なデータを扱うとき最初に仮定される分布です。また、中心極限定理との関連で重要な分布です。対数正規分布は文献 [24] で詳しく扱われていますが、文章の長さの分布や漢字の画数の分布が対数正規分布によく適合していることが分かっています[16]。また、経済学への応用として物価や株式収益率などが対数正規分布し、最近では、高齢者の介護期間分布がやはり対数正規分布することが研究されています[17]。代表的な正規分布と対数正規分布を図 6.3.3 に

---

[15] 確率変数 X の平均または期待値とは

$$E(x) = \int_{-\infty}^{\infty} xf(x)dx$$

で定義され、分数は

$$V(x) = E((X-E(X))^2)$$

である。

[16] 123 頁脚注の文献参照。

[17] Moriyama,O., Itoh,H., Matsushita, S. and Matsushita, M., Long-tailed duration distributions for disability in aged people, J.Phys.Soc.Jpn.72, 2409/2412, 2003.

示しておきます。図 6.3.2 が対数正規分布によく一致しているのが分かります。

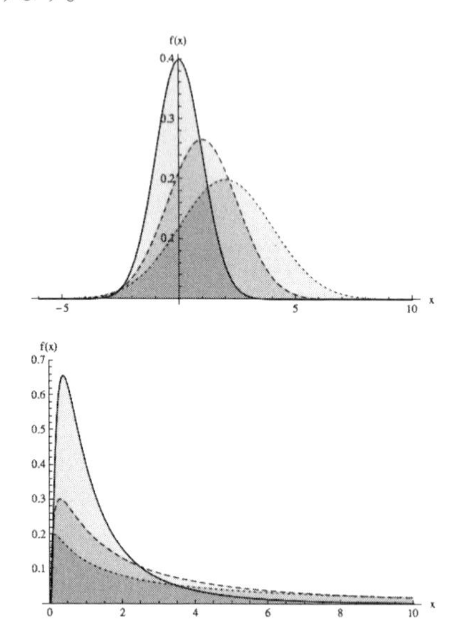

図 6.3.3 正規分布（上図）と対数正規分布（下図）。 上図において、実線は平均 0、分散 1、破線は平均 1、分散 1.5、点線は平均 2、分散 2 の正規分布を示す。下図において、実線は $\mu = 0, \sigma^2 = 1$、破線は $\mu = 1, \sigma^2 = 1.5$、点線は $\mu = 2, \sigma^2 = 2$ の対数正規分布を示す。

♣ ♣ ♣ ♣ ♣ ♣ ♣ コラム ♣ ♣ ♣ ♣ ♣ ♣ ♣

§6.3 で、代表的な文学作品の文字列分布が対数正規分布に従っていることを調べました。例外はもちろんあります。文豪谷崎潤一郎の「春琴抄」はその良い例です[18]。

(* 谷崎潤一郎「春琴抄」より *)
昔は遊藝を仕込むにも火の出るような凄まじい稽古をつけ往々弟子に体刑を加えることがあったのは人のよく知る通りである本 [昭和八年] 二月十二日の大阪朝日新聞日曜のページに「人形浄瑠璃の血まみれ修業」と題して小倉敬二君が書いている記事を見るに、摂津大掾亡き後の名人三代目越路太夫の眉間には大きな傷痕が三日月型に残っていたそれは師匠豊沢団七から「いつになったら覚えるのか」と撥で突き倒された記念であるという又文学座の人形使い吉田玉次郎の後頭部にも同じような傷痕がある玉次郎若かりし頃「阿波の鳴門」で彼の師匠の大名人吉田玉造が捕り物の場の十郎兵衛を使い玉次郎がその人形の足を使った、その時キット極まるべき十郎兵衛の足が如何にしても師匠玉造の気に入るように使えない「阿呆め」というなり立廻りに使っていた本身の刀でいきなり後頭部をグワンとやられたその刀痕が今も消えずにいるのである。

上の文は、一部分を抜き出したものですが、この文章中には句点が 1 つですから、383 文字で 1 文になっています。また、読点は 2 カ所で、400 字当りに換算すると原稿用紙 1 枚に 2 個しか読点がないことになります。

---

[18] 現代日本文学館 16 谷崎潤一郎 1「春琴抄」(昭和 41 年 4 月 1 日第 1 刷、文藝春秋) より転記。

「春琴抄」は、句読点が極端に少なくても読みやすい文章です。文豪であるから、このような離れ業が可能なのでしょう。文章を読みやすくするためには、句読点を適切に挿入するのが一般の書き手には肝要です。

しかし、適切にというのは明確な基準がある訳ではありません。「計算言語学」の分野では、「形態素解析」[19]、「係り受け解析」[20]などを実施し、読点の挿入位置などを論理的に決定しようとする研究もあります。

♣ ♣ ♣ ♣ ♣ ♣ ♣ ♣ ♣ ♣ ♣ ♣ ♣ ♣ ♣ ♣ ♣

6.4　条件付き確率

この章では、**条件付き確率**を扱います。一般に、実際の現象を観察してその確率を推定しますが、現象が観察できること自体が条件になっています。代表的な条件付き確率の例として「ポリヤの壺」と呼ばれる問題を挙げて解説します。まず、条件付き確率の定義を与えておきましょう。

条件付き確率

定義 6.4.1　B を $P(B) > 0$ となる事象とする。事象 B に関する条件付き確率 $P(A|B)$ をつぎのように定義する。

$$P(A|B) = \frac{P(A \cap B)}{P(B)}. \tag{6.4.1}$$

ここで、$P(A \cap B)$ は事象 A と B が同時に起きる確率です。

[19] 形態素とは、意味を持つ最小の言語単位のこと。文を形態素に区切り品詞（名詞や動詞などの）情報を付与することを形態素解析という。

[20] 係り受け解析とは、文節と文節の係り受け関係を解析すること。

♠♠♠

注意 6.4.1 社会一般で使われる「条件付き」という意味と数学的定義とを混同しないようにする必要がある。

例 6.4.1 ポリヤの壺

中の見えない壺があり、赤と青のボールがそれぞれ $m(\geq 1)$ 個、$n(\geq 1)$ 個入っています。ボールの形は同じです。壺の中からボールを無作為に 1 個取り出します。その後、取り出したボールと同じ色のボールを $k(\geq 2)$ 個壺に入れます。2 回目に赤いボールを取り出す確率はいくらでしょうか。□

[解説] 図 6.4.1 は、$m = 3, n = 2, k = 2$ としたときの説明図です。赤いボールを取り出せば、赤いボールを 2 個入れます。青いボールを取り出せば、青いボールを 2 個入れます。

図の右側の状態の壺から赤いボールを取り出す確率は、条件付き確率とする必要があります。すなわち、第 1 段階で赤いボールを取り出したか、青いボールを取り出したかに依存してその確率は変わってきます。

つぎのような記号を導入しましょう。R_i は i 番目に赤のボールを取り出す事象とし、B_i を i 番目に青のボールを取り出す事象とします。すると 2 回目に赤いボールを取り出す事象 R_2 は、1、2 回とも赤いボールを取り出す事象 $R_1 \cap R_2$ と 1 回目は青で 2 回目が赤の事象 $B_1 \cap R_2$ の和事象となり $(R_1 \cap R_2) \cup (B_1 \cap R_2)$ と書けます。しかし、事象 $R_1 \cap R_2$ と $B_1 \cap R_2$ は排反事象、すなわち、$(R_1 \cap R_2) \cap (B_1 \cap R_2) = \phi$ であるので、確率の公理 6.1.1(3) より

$$P(R_2) = P\big((R_1 \cap R_2) \cup (B_1 \cap R_2)\big) = P(R_1 \cap R_2) + P(B_1 \cap R_2) \tag{6.4.2}$$

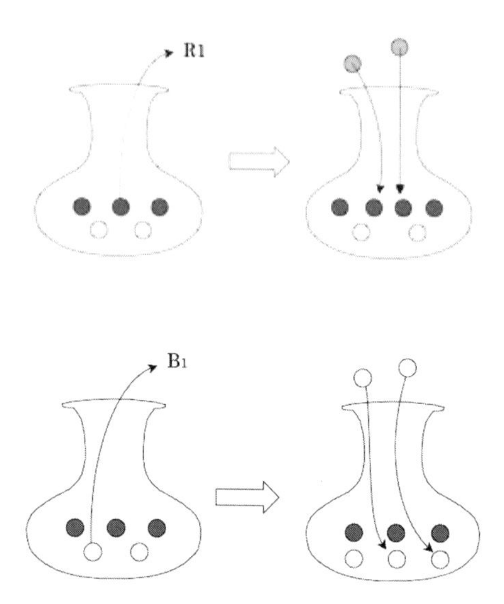

図 6.4.1　ポリヤの壺。$m = 3, n = 2, k = 2$ としたときの説明図。赤いボールを取り出せば、赤いボールを 2 個入れます（上図)。青いボールを取り出せば、青いボールを 2 個入れます（下図)。塗りつぶしの丸は赤いボール、白丸は青いボールを表す。

が成立します。ここで、条件付き確率の定義 6.4.1 に従い

$$P(R_1 \cap R_2) = P(R_2|R_1)P(R_1) \tag{6.4.3}$$

$$P(B_1 \cap R_2) = P(R_2|B_1)P(B_1) \tag{6.4.4}$$

を得ます[21]。よって、式 (6.4.2) に式 (6.4.3)、(6.4.4) を代入すれば $P(R_2)$ はつぎのように求まります。

$$\begin{aligned}P(R_2) &= P(R_2|R_1)P(R_1) + P(R_2|B_1)P(B_1)\\ &= \frac{m+k-1}{m+n+k-1}\frac{m}{m+n} + \frac{m}{m+n+k-1}\frac{n}{m+n}\\ &= \frac{m}{m+n}\end{aligned} \tag{6.4.5}$$

すなわち、投入する k 個には関係なく初期の値 m、n だけで決まります。また、ポリヤの壺では赤を取り出す確率は（したがって、青を取り出す確率も）1 回目と 2 回目は等しくなります。図 6.4.1 の例では赤を取り出す確率は 1、2 回目とも $\frac{3}{5}$ となります。

ちなみに、条件付き確率ではない場合、すなわち図 6.4.1 の右側の壺の状態が初期であれば、赤の確率は、$\frac{4}{6}$ と $\frac{3}{6}$ になります。

問題 6.4.1 ポリヤの壺で、同じことを n 回繰り返したとき赤いボールを取り出す確率を求めなさい。

6.5 モンティ・ホール問題

モンティ・ホール問題あるいはモンティ・ホール・パラドックスとして知られる問題は、直観とは異なるためおおくの人にはその事実を受け入るのは困難でしょう。モンティ・ホールの名称は、米国の NBC テレビ局でのゲーム番組「Let's Make a Deal」[22] のホスト役の名前から来ています。そのゲームの内容

[21] $P(A \cap B) = P(B \cap A)$ に注意。

[22] 直訳すると、「取引をしよう」。1963~1967 年に NBC 局にてモンティ・ホール（Monty Hall）がホストを勤めた。現在は、装いも新たに CBS 局

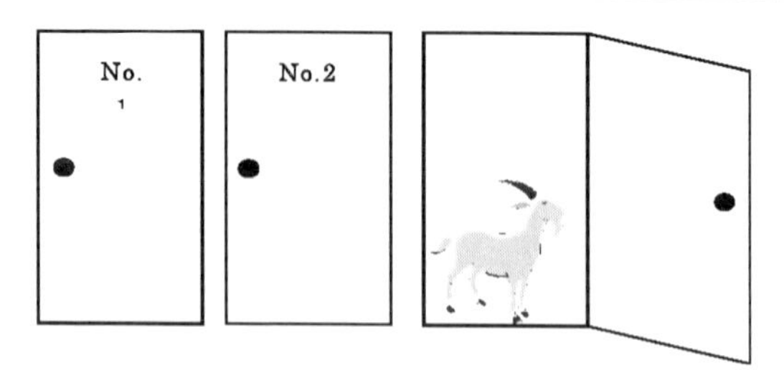

図6.5.1 モンティ・ホール問題。

は以下のようなものです。

モンティ・ホール問題（図6.5.1）

(1) 3つの閉じている扉（No.1、No.2、No.3としましょう）があります。1つの扉の後ろには、豪華な賞品「新車」があります。他の2つの扉の後ろの賞品は、「ヤギ」です。新車とヤギはランダムに配置されます。
(2) ゲームの目的は、どの扉の後ろに新車があるかあてることです。ホスト役のモンティ・ホールは、新車のある扉を前もって知らされていますが、挑戦者はもちろん分かりません。
(3) 挑戦者がNo.1の扉を選んだとしましょう。
(4) モンティ・ホールが挑戦者の選んだNo.1の扉を開く前に、No.2とNo.3の扉の内ヤギが置いてある扉を開いて会場を盛り上げます。No.2としましょう。（ヤギは2匹配置されていますので、必ずNo.2とNo.3の扉のどちらかにはあります。No.1が新車ならNo.2とNo.3の

にてWayne Bradyがホストとして放送している人気番組である。

扉の選択はランダムに行われます。ランダムに選択した結果を No.2 としています。No.1 がヤギなら新車でない方の扉を開けます。これを No.2 としています。)

(5) そこで、モンティ・ホールは挑戦者にこう問いかけます。「You pick Door No.1. Door No.2 — no prize. Do you stay with Door No.1 or switch to No.3?」[23]

この問題は、最初に選んだ扉 No.1 を選択し続けるか、あるいは、No.3 に選択を変更するか、どちらが得かということです。変更すれば変更しないときに比べて 2 倍の確率で新車があたります。これが答えです。しかし、ほとんどの人は直観的に、2 つの扉の内のどちらかに新車があるのだから当たる確率は $\frac{1}{2}$ で、変更してもしなくても違いはないと考えるでしょう。

♠♠♠

注意 6.5.1　モンティ・ホール問題で、つぎの 2 つの重要な点がある。

(i) 挑戦者は No.2 にヤギが入っていたのを知らされて、その" 事後" に扉の選択を再びせまられること。

(ii) (4) で、No.1 が新車なら No.2 と No.3 の扉の選択はランダムに行われること。

では、具体的におのおのの確率を求めてみましょう。まず、挑戦者が最初に新車を選ぶ確率は 3 つの扉の内 1 つにしか新車は入っていませんので、その確率は $\frac{1}{3}$ です。この確率を**事前確率**といいます。一方、No.2 と No.3 を合わせて考えて、そこ

23 「あなたは No.1 の扉を選びました。No.2 の扉ははずれです。さあ、あなたは No.1 の扉を選び続けますか、それとも No.3 の扉に変えますか。」

に新車が入っている確率は $\frac{2}{3}$ です。さて、モンティ・ホールがNo.2の扉を開けてそれがヤギだと分かれば、No.3に新車が入っている確率が $\frac{2}{3}$ となります。この確率を**事後確率**（または、**条件付き確率**）といいます。したがって、扉の選択を変更した方が2倍確率が上がります。これだけの説明で理解された読者は数学の相当な能力をお持ちの方でしょう。以下に、詳細に解説しますが、数学で間違いを犯さないためには、数式を使って計算をすることです。数式を使ってモンティ・ホール問題の確率を求めてみましょう。それには、**ベイズの定理**を使います。事象 A、B の起きる確率をそれぞれ $P(A)$、$P(B)$ とします。これらは事前確率です。また、事象 A が起きた後事象 B が起きる確率を $P(B|A)$ で表します。これは事後確率（条件付き確率）です。このときつぎの等式が成り立ちます。

ベイズの定理

定理 6.5.1

$$P(B|A) = \frac{P(A|B)P(B)}{P(A)} \tag{6.5.1}$$

［証明］この証明は容易です。$P(A \cap B)$ は事象 A と B が同時に起きる確率ですから

$$P(A \cap B) = P(A)P(B|A) \tag{6.5.2}$$

と書くことができます。事象 A, B には何も前提を置いていませんので、これらの順序は可換です。したがって、

$$P(B \cap A) = P(B)P(A|B) \tag{6.5.3}$$

が得られます。ところが、$P(A \cap B) = P(B \cap A)$ ですから式(6.5.2)と(6.5.3)からベイズの定理が従います。■

さてモンティ・ホール問題に戻りましょう。ここからは、扉をA（No.1）、B（No.2）、C（No.3）と呼ぶことにします。シナリオ 6.5.1 とシナリオ 6.5.2 の 2 つを考えれば十分です。

シナリオ 6.5.1 新車はどの扉に入っているか分かりません。挑戦者がAの扉を選びました。モンティ・ホールは新車が入っている扉を知っているので、もし扉Cに入っていれば扉Bを開けます。もし扉Aに入っていればBかCの扉をランダムに1つ選びます。これを扉Bとします。それを開けて扉Bにはヤギが入っていることを挑戦者に知らせます。その後も挑戦者は扉Aを選択し続けます。

シナリオ 6.5.2 新車はどの扉に入っているか分かりません。挑戦者がAの扉を選びました。モンティ・ホールは新車が入っている扉を知っているので、もし扉Cに入っていれば扉Bを開けます。もし扉Aに入っていればBかCの扉をランダムに1つ選びます。これを扉Bとします。それを開けて扉Bにはヤギが入っていることを挑戦者に知らせます。ここまでは、シナリオ 6.5.1 と同じですが、その後、挑戦者は扉Aから扉Cに変更します。

[シナリオ 6.5.1 の解析]
ベイズの定理を使えば

$$P(A|B_{open}) = \frac{P(B_{open}|A)P(A)}{P(B_{open})} \tag{6.5.4}$$

を得ます。ここで、$P(A)$、$P(B_{open})$ は扉Aが当たる確率と扉Bが開かれる事前確率を示します。これらの値は

$$P(A) = \frac{1}{3}, \quad P(B_{open}) = \frac{1}{2} \tag{6.5.5}$$

となりますね。$P(B_{open}|A)$ は、扉 A を選択した事後に扉 B が開かれる事後確率です。したがって、

$$P(B_{open}|A) = \frac{1}{2} \tag{6.5.6}$$

となります。式 (6.5.5)、(6.5.6) を式 (6.5.4) に代入すれば

$$P(A|B_{open}) = \frac{1/2 \cdot 1/3}{1/2} = \frac{1}{3} \tag{6.5.7}$$

を得ます。すなわち、扉 A を選択し続けるシナリオで新車を獲得する確率は $\frac{1}{3}$ となります。

[シナリオ 6.5.2 の解析]
ベイズの定理を使えば

$$P(C|B_{open}) = \frac{P(B_{open}|C)P(C)}{P(B_{open})} \tag{6.5.8}$$

を得ます。上式において、

$$P(C) = \frac{1}{3}, \quad P(B_{open}) = \frac{1}{2} \tag{6.5.9}$$

となります。$P(B_{open}|C)$ は、扉 C を選択した事後に扉 B が開かれる事後確率です。したがって、

$$P(B_{open}|C) = 1 \tag{6.5.10}$$

となります。以上より

$$P(C|B_{open}) = \frac{1 \cdot 1/3}{1/2} = \frac{2}{3} \tag{6.5.11}$$

を得ます。すなわち、扉 A から扉 C に変更するシナリオでは新車を獲得する確率は $\frac{2}{3}$ となります。

この解析で理解できなくても悲観するには及びません。数々の高名な数学者[24]もなかなか納得できませんでした。納得させるにはシミュレーションしかありません[25]。

図 6.5.2 は、扉を変更しないときの勝率頻度分布を示しています。上図は、99 回の試行を 1 セットとして 100 セット実施した結果です。勝率が 33%（確率 $\frac{1}{3}$）前後にピークがきていることが分かります。試行回数を増やし 999 回とすれば、勝率 33% を下図のように顕著に表すことができます。分布は中心極限定理により試行回数の増加につれて正規分布に近づきます。同様にして、扉を変更したときのシミュレーション結果を図 6.5.3 に示します。このシミュレーションにより扉を変更したとき、確かに勝率が 2 倍（確率として $\frac{1}{3}$ から $\frac{2}{3}$）に増加していることが分かります。これで、モンティ・ホール・パラドックスの真相を納得していただけたでしょうか。

問題 6.5.1　サイコロを 2 回続けて振り、どちらかで 3 の目が出た確率を求めなさい。(事前確率) その後、出た目の和は 7 だと分かりました。3 の目が出た確率を求めなさい。(事後確率)

問題 6.5.2　モンティ・ホール問題は 3 囚人問題と基本的には等価です。3 囚人問題とは、つぎのようなものです。

3 囚人問題：3 人の囚人 A、B、C が監獄の独房に入れられています。3 人とも近々処刑されることが決まっています。しかし、ある日恩赦が決まり 3 人の内 1 人だけ助かることになりましたが、誰かは明らかにされていません。誰が助かるのか看守に聞いても教えてくれません。そこで囚人 A は一計をめぐ

---

[24] ポール・エルデシュもそのうちの 1 人でした。文献 [23] の 252-260 頁を参照してください。

[25] Mathematica でのシミュレーションコードを参考までに附録に示す。

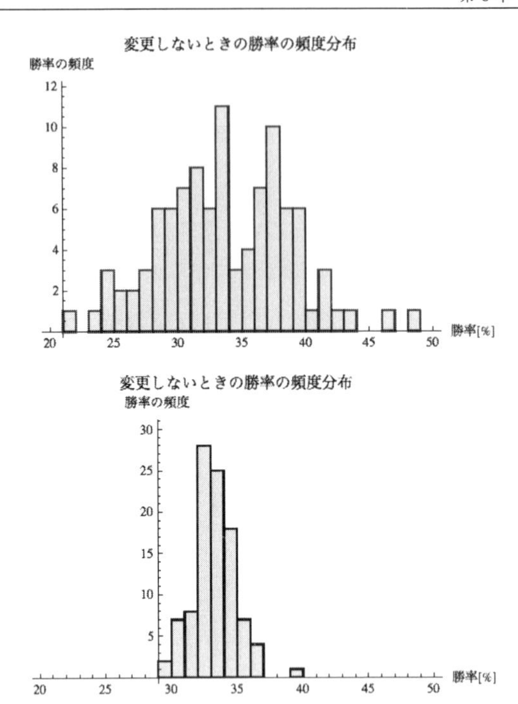

図 6.5.2　モンティ・ホール問題のシミュレーション結果：扉を変更しないときの勝率頻度グラフを示す。99 回（上図）と 999 回（下図）の試行を 1 セットとして 100 セット実施した結果。

らし、『B か C の内 1 人は処刑される筈だから、どちらが処刑されるか教えて欲しい』と看守に迫りました。看守は A 自身のことではないので、『B が処刑される』と教えてくれました。囚人 A は、これで恩赦になる確率は $\frac{1}{3}$ から $\frac{2}{3}$ に上がったと喜

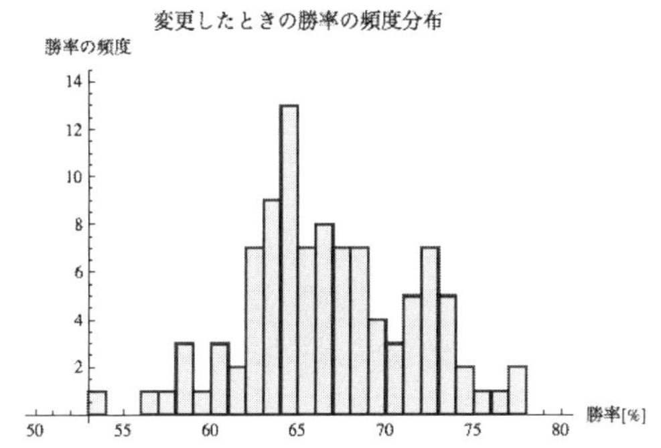

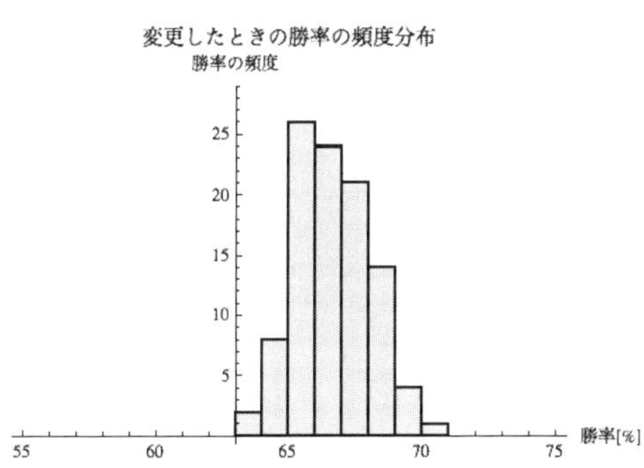

図 6.5.3　モンティ・ホール問題のシミュレーション結果：扉を変更したときの勝率頻度グラフを示す。99 回（上図）と 999 回（下図）の試行を 1 セットとして 100 セット実施した結果。

びましたが、この確率の上昇は正しいのでしょうか。

モンティ・ホール問題と照らし合わせて考察しなさい。

♣ ♣ ♣ ♣ ♣ ♣ ♣ コラム ♣ ♣ ♣ ♣ ♣ ♣ ♣

囚人のジレンマ：3 囚人問題と題名は似ていますが、囚人のジレンマはゲーム理論における重要な研究テーマです。問題はつぎのようなものです。共犯の囚人A、Bは検察官よりつぎのような司法取引を働きかけられます。

- 2人とも黙秘したら、2人とも懲役3年だ。
- 1人だけが自白したら自白した者は釈放。自白しなかった方は懲役10年だ。
- 2人とも自白したら、2人とも懲役6年だ。

表6.5.1 囚人のジレンマの利得表

	A：黙秘	A：自白
B：黙秘	A：懲役3年 B：懲役3年	A：懲役0年 B：懲役10年
B：自白	A：懲役10年 B：懲役0年	A：懲役6年 B：懲役6年

囚人の2人は別々に隔離されておりお互いに意見の合意はできない状況にあるとします。このとき、2人の囚人は共犯者と強調して黙秘すべきか、共犯者を裏切って自白すべきか、どちらが得をするかという問題です。この問題は**利得表**6.5が描けます。この利得表で囚人Aに着目すれば、一方の囚人Bが黙秘しようが自白しようが、Aは自白した方が自分の利益になります。すなわち、Bが黙秘の場合はAの懲役は3年が0年になり、Bが自白の場合は10年が6年になるからです。囚人Bに対しても同じことがいえます。両者とも自白する戦略を変更しても得られる利益は減ります。A、Bとも自白の組み合わせが**支配戦略均衡**となり、2人とも懲役6年になってしまいます。この場合、支配戦略均衡は**ナッシュ均衡**になります。

このように2人が協調する方が互いの利益になることが分かっていても自らの利益を優先する状況下では、裏切り合うジレンマを起こします。

♣ ♣ ♣ ♣ ♣ ♣ ♣ ♣ ♣ ♣ ♣ ♣ ♣ ♣ ♣ ♣ ♣

附録 A

数学用語の補足

A.1 上限と下限

集合 A を $\mathbb{R}$ の部分集合とします。

最大値

定義 A.1.1 つぎの条件 (i)、(ii) を満たす実数 α が存在するときに α を集合 A の最大値といい、$\max \mathrm{A}$ と表す。
(i) 任意の $a \in \mathrm{A}$ に対して $\alpha \geq a$.
(ii) $\alpha \in \mathrm{A}$.

最小値

定義 A.1.2 つぎの条件 (i)、(ii) を満たす実数 β が存在するときに β を集合 A の最小値といい、$\min \mathrm{A}$ と表す。
(i) 任意の $a \in \mathrm{A}$ に対して $\beta \leq a$.
(ii) $\beta \in \mathrm{A}$.

上限

定義 A.1.3 つぎの条件 (i)、(ii) を満たす実数 α が存在するときに α を集合 A の上限といい、$\sup \mathrm{A}$ と表す。
(i) 任意の $a \in \mathrm{A}$ に対して $\alpha \geq a$.
(ii) 任意の $\epsilon > 0$ に対して $\alpha - \epsilon \leq \gamma$ を満たす $\gamma \in \mathrm{A}$ が存在する。

下限

定義 A.1.4　つぎの条件 (i)、(ii) を満たす実数 β が存在するときに β を集合 A の下限といい、inf A と表す。
(i) 任意の $a \in \mathrm{A}$ に対して $\beta \leq a$.
(ii) 任意の $\epsilon > 0$ に対して $\gamma \leq \beta + \epsilon$ を満たす $\gamma \in \mathrm{A}$ が存在する。

例 A.1.1　$\mathrm{A} = \{x \in \mathbb{R}; x < 2\}$ のとき、$\sup \mathrm{A} = 2$ ですが、$\max \mathrm{A}$ は存在しません。□

例 A.1.2　$\inf_{n \in \mathbb{N}} \left\{\frac{1}{n}\right\} = 0$ ですが、$\min_{n \in \mathbb{N}} \left\{\frac{1}{n}\right\}$ は存在しません。□

例 A.1.3　$f(x) = x^2$、$I = [0, 2)$ とするとき、$\min_{x \in I} f(x) = \inf_{x \in I} f(x) = 0$、$\sup_{x \in I} f(x) = 4$ ですが、$\max_{x \in I} f(x)$ は存在しません。□

関数 f が連続関数であれば、閉区間において必ず最大値および最小値を持ちますが、連続関数でないときは、必ずしも最大値・最小値を持つとは限りません。そのために、定積分の定義 §3.3.1 の式 (3.3.2)、(3.3.3) において、M_i, m_i は max, min ではなく、sup, inf を用いています。

A.2　弱微分

ここでは 1 変数関数における弱微分を定義しましょう。$\Omega = (a, b)$ とします。若干複雑ですが記号 $L^1_{loc}(\Omega)$ を導入します。すなわち、

$$L^1_{loc}(\Omega) = \{u : \Omega\text{に含まれる任意のコンパクト集合 } K \text{ 上、} |u(x)| \text{ が } K \text{ においてルベーグ積分可能であるもの }\}$$

ここで集合 K がコンパクトであるとは、K の任意の開被覆が必ず K の有限被覆を部分集合として含むことですが、この場合は有界閉集合と考えて差し支えありません[1]。

[1] 有界閉集合はコンパクトである。

弱微分

定義 A.2.1 $v \in L^1_{loc}(\Omega)$ に対して、$w \in L^1_{loc}(\Omega)$ が v の弱微分であるとは、任意の $\phi \in C^1_0(\Omega)$ [a]に対して

$$\int_\Omega v(x)\phi'(x)\,dx = -\int_\Omega w(x)\phi(x)\,dx \qquad \text{(A.2.1)}$$

が成り立つことである。

[a] $\phi \in C^1_0(\Omega)$ とは、ある有界閉区間 $I \subset \Omega$ が存在して $\phi(x) = 0$ $(x \in I^c)$ かつ ϕ が微分可能であることを意味する。

注目すべきは、弱微分という言葉をつかいながら、式 $(A.2.1)$ は定積分によって表記されている点です。背景にあるのは部分積分法です。

問題 A.2.1 w が v の弱微分であるとします。もし、v が微分可能であるならば、$v'(x) = w(x)$ であることを証明しなさい。(ヒント:式 $(A.2.1)$ の左辺を部分積分し $\phi \in C^1_0(\Omega)$ を使う。)

例 A.2.1 例 3.1.2 で示したように関数 $v(x) = |x|$ は $x = 0$ で微分不可能でした。$v(x)$ は $\Omega = (-1,1)$ 上で微分不可能な関数です。では、弱微分は可能か見ていきましょう。式 $(A.2.1)$ 左辺を計算すると

$$\int_{-1}^{1} v(x)\phi'(x)\,dx = \int_{-1}^{0} -x\phi'(x)\,dx + \int_0^1 x\phi'(x)\,dx. \qquad \text{(A.2.2)}$$

ここで、$\phi(-1) = \phi(1) = 0$ に注意して部分積分法を適用すると上式の各項はつぎのようになります。

$$\int_{-1}^{0} -x\phi'(x)\,dx = [-x\phi(x)]_{-1}^{0} - \int_{-1}^{0} -\phi(x)\,dx = \int_{-1}^{0} \phi(x)\,dx \qquad \text{(A.2.3)}$$

$$\int_0^1 x\phi'(x)\,dx = [x\phi(x)]_0^1 - \int_0^1 \phi(x)\,dx = -\int_0^1 \phi(x)\,dx \qquad \text{(A.2.4)}$$

よって、式 (A.2.2) ～ (A.2.4) より

$$\int_{-1}^{1} v(x)\phi'(x)\,dx = \int_{-1}^{0} \phi(x)\,dx - \int_{0}^{1} \phi(x)\,dx$$

$$= -\left(\int_{-1}^{0}(-1)\phi(x)\,dx + \int_{0}^{1} 1\cdot\phi(x)\,dx\right)$$

となり、$w(x) = \begin{cases} -1 & (-1 < x \leq 0) \\ 1 & (0 < x < 1) \end{cases}$ とすると

$$= -\int_{-1}^{1} w(x)\phi(x)\,dx$$

が成り立ち、$w(x)$ が $v(x)$ の弱微分であることが分かります[2]。自然な拡張になっていますね。□

A.3　測度論

§3.4 では前倒しして、ルベーグ積分を定義しました。ここでは、その基礎となる測度論について、ルベーグ積分を定義するのに必要最小限な箇所を紹介します。

[2] $w(0)$ は一意ではない。例えば、

$$w(x) = \begin{cases} -1 & (-1 < x < 0) \\ 0 & (x = 0) \\ 1 & (0 < x < 1) \end{cases}$$

も $v(x)$ の弱微分となる。

有限加法族

定義 A.3.1 空間 X の部分集合の族 $\mathcal{F}$ が次の 3 つの条件を満たすときに、$\mathcal{F}$ を **有限加法族** という。

(1) $\emptyset \in \mathcal{F}$

(2) $A \in \mathcal{F}$ ならば $A^c \in \mathcal{F}$ [a]

(3) $A, B \in \mathcal{F}$ ならば $A \cup B \in \mathcal{F}$

[a] $A^c := \{x \in X;\ x \notin A\}$.

§3.4 で定義した区間塊の集合族 $\mathcal{F}$ は有限加法族です。

有限加法的測度

定義 A.3.2 空間 X とその部分集合の有限加法族があって、集合関数[a] m が次の条件を満たすときに、m を $\mathcal{F}$ 上の **有限加法的測度** という。

(1) すべての $A \in \mathcal{F}$ に対して $0 \leq m(A) \leq \infty$、特に $m(\emptyset) = 0$

(2) $A, B \in \mathcal{F}$、$A \cap B = \emptyset$ ならば $m(A \cup B) = m(A) + m(B)$

[a] 集合 A に対して、実数を対応させる関数のこと

完全加法的測度

定義 A.3.3 有限加法族 $\mathcal{F}$ 上の有限加法的測度 m について、$A_1, A_2, \cdots \in \mathcal{F}$（加算無限個）、$A_j \cap A_k \neq \emptyset$ であり、$A = \sum_{n=1}^{\infty} A_n$ が $A \in \mathcal{F}$ ならば $m(A) = \sum_{n=1}^{\infty} m(A_n)$ を満たすとき、m を**有限加法族 $\mathcal{F}$ の上で完全加法的測度**という。

定義 §3.4.1 の集合関数 m は $\mathcal{F}$ 上の完全加法的測度です。（普通の意味の区間の長さです。）

外測度

定義 A.3.4　空間 X のすべての部分集合 A に対して定義された集合関数 $\Gamma(A)$ がつぎの 3 つの条件を満たすとき、Γ を**外測度**という。

(1) $0 \leq \Gamma(A) \leq \infty$, $\Gamma(\emptyset) = 0$

(2) $A \subset B$ ならば $\Gamma(A) \leq \Gamma(B)$

(3) $\Gamma(\cup_{n=1}^{\infty} A_n) \leq \sum_{n=1}^{\infty} \Gamma(A_n)$ [a]

[a] この条件を**劣加法性**という。

有限加法的測度と外測度

定理 A.3.1　$\mathcal{F}$ を X の部分集合の有限加法族とし、m を $\mathcal{F}$ 上の有限加法的測度とする。このとき、以下が成り立つ。

(1) 任意の $A \subset X$ に対して高々加算無限個の集合 $E_n \in \mathcal{F}$ で A を覆い（すなわち、$A \subset \cup_{n=1}^{\infty} E_n$）、

$$\Gamma(A) = \inf \sum_{n=1}^{\infty} m(E_n) \tag{A.3.1}$$

と定義すると、Γ は外測度である。

(2) 特に、m が $\mathcal{F}$ の上で完全加法的ならば、$E \in \mathcal{F}$ に対して $\Gamma(E) = m(E)$ が成り立つ。

ルベーグ外測度

定義 A.3.5　空間を $\mathbb{R}$, $\mathcal{F}$ を区間塊全体で作られる集合族として、m を定義 3.4.1 で与えたものとする。定理 A.3.1 の方法で構成した外測度 $\Gamma(A)$ を**ルベーグ外測度**といい、$\mu(A)$ で表す。

最後に、外測度可測集合を定義します。

外測度可測集合

定義 A.3.6 空間 X に外測度 Γ が定義されていて、集合 E が、任意の $A \subset X$ に対して $\Gamma(A) = \Gamma(A \cap E) + \Gamma(A \cap E^c)$ を満たすとき、E を **外測度可測集合** という。また、$\Gamma(E) = 0$ となる集合を **零集合** という。

附録 B

Mathematica コード

Mathematica は、その計算能力として数式処理、任意精度の数値計算、3 次元画像処理など多くの機能が搭載されているアプリケーション・ソフトウエアです。Mathematica への入力は

```
(* ライトグレーで囲まれた領域は Mathematica への入力を示す。*)
```

で示し、その出力は

```
(* グレーで囲まれた領域は Mathematica の出力を示す。 *)
```

で示します。(*　　*) で囲まれた部分はコメントと認識され Mathematica への入力にはなりません。

ここで示すコードは、理解のしやすさに重点を置き必ずしも最適なコードにはなっていません。内容を理解しさらに洗練されたコードの作成は読者の課題とします。

(1) コイントスを 100 回試行するシミュレーションコード

```
(* CODE 6.1.1：100 回のコイントス *)

コイントス = {"表", "裏"};
j=100;
```

```
For[i = 1, i < j+1, i++, a[i] = RandomChoice[
コイントス]] (*"表"、 "裏"を等確率で 100 回選び a[ ] に入
れる*)
T = Table[a[i], {i, 1, j}]; (*a[ ] をリスト形式で並べ
る*)
S = StringJoin[T]; (*リストの中身を鎖状に繋ぎ合わせて
文字列を作成する*)
Print["表 の 出 た 回 数=", Length[StringPosition[S, "
表"]]/100] (*鎖状に繋ぎ合わせた文字列から"表"を数える*)
Print["裏 の 出 た 回 数=", Length[StringPosition[S, "
裏"]]/100] (*鎖状に繋ぎ合わせた文字列から"裏"を数える*)
```

このコードを実行すると、“例えば”

表の出た回数= $\frac{57}{100}$

裏の出た回数= $\frac{43}{100}$

のような結果が得られます。「例えば」と書いたのは、コマンド RandomChoice[ ] では、毎回ランダムに「表」か「裏」が選択されるので、試行ごとに表裏の回数が異なってきます（たまたま同じになることもあるでしょう）。

(2) 100 回のコイントスを 1 セットとして 100 セット実施するシミュレーションコード

```
(* CODE 6.1.2：100 回のコイントスを 1 セットとして 100 セッ
ト実施 *)

コイントス = {"表", "裏"};
```

```
(*n：繰り返し回数、i：トスの回数*)
For[n = 1, n < 101, n++,
 For[i = 1, i < 101, i++, a[n, i] =
 RandomChoice[コイントス]]]
T = Table[a[n, i], {n, 1, 100}, {i, 1, 100}];
Do[L[k] = Length[StringPosition[
StringJoin[T[[k]]], "表"]], {k, 1, 100}]
Tl = Table[L[k], {k, 1, 100}]
```

このコードを実行すると、つぎのような 1 セットごとの表の出た回数のリストが得られます。

```
{47, 43, 57, 47, 54, 44, 49, 49, 49, 43, 57,
52, 50, 45, 53, 53, 54, 42, 43, 44, 45, 44,
51, 50, 61, 49, 43, 55, 48, 45, 46, 56, 49,
54, 50, 53, 50, 55, 60, 45, 52, 47, 46, 42,
43, 47, 47, 59, 50, 52, 44, 54, 48, 47, 41,
51, 49, 37, 52, 46, 43, 52, 56, 52, 41, 55,
44, 48, 47, 48, 53, 37, 55, 51, 57, 52, 50,
46, 52, 47, 48, 45, 52, 51, 38, 54, 56, 58,
54, 42, 53, 60, 44, 57, 45, 54, 58, 54, 53,
56}
```

(3) モンティ・ホール問題のシミュレーションコード

```
        (* CODE 6.1.3：モンティ・ホール問題 *)

MontyHall[n_] :=
 Module[{扉の選択, 当りの扉, 最初の選択, 変更しないときの勝数, 変更したときの勝数, 変更しないときの勝率},
  扉の選択 := RandomInteger[{1, 3}, n]; (*整数 1 から3 を等確率で選択*)
```

```
  当りの扉 = 扉の選択;
  最初の選択 = 扉の選択;
  変更しないときの勝数 = Count[Transpose[{当りの扉, 最
初の選択}], {a_, a_}];(*行列を転置し、同じ数となる行を
数える*)
  変更したときの勝数 = n - 変更しないときの勝数;
  変更しないときの勝率 = N[100 変更しないときの勝数/n]]
For[m = 1, m < 101, m++, f[m] = MontyHall[99]]
(*99 回の試行を 1 セットとし、それを 100 セット繰り返す*)
T = Table[f[m], {m, 1, 100}]
Histogram[T, {20, 50, 1}, AxesLabel -> {"勝      率
[%]", "勝率の頻度"},
 PlotLabel -> 変更しないときの勝率の頻度分布]
```

ここでは、扉を選択する試行 99 回を 1 セットとし、それを 100 セット繰り返し、扉を変更しないときの成功確率（新車を当てる確率）を求めています。下記がその 100 セットの成功確率です。

```
{28.2828,31.3131,40.404,31.3131,35.3535,...,
36.3636,42.4242,37.3737,29.2929,33.3333,...,
39.3939,24.2424,33.3333,36.3636,37.3737,...,
37.3737,25.2525,28.2828,37.3737,37.3737,...,
21.2121,32.3232,35.3535,33.3333,32.3232,...,
31.3131,31.3131,37.3737,38.3838,38.3838,...,
41.4141,35.3535,33.3333,27.2727,27.2727,...,
32.3232,32.3232,35.3535,33.3333,29.2929,...,
30.303,39.3939,33.3333,30.303,29.2929,...,
39.3939,32.3232,36.3636,27.2727,28.2828,...,}
```

紙面の都合上すべての数値を掲載していません。

参考文献

[1] 上野健爾、「数学の視点」、東京図書、2010.
[2] 梅田亨、「代数の考え方」、日本放送出版協会、2010.
[3] 山本芳彦、「数論入門」、岩波書店、2003.
[4] 遠山啓、「代数的構造」、ちくま学芸文庫、2011.
[5] W. Stein, 'Elementary Number Theory: Primes, Congruences, and Secrets,' Springer, 2009.
[6] 武隈良一、「ディオファンタス近似論」、槙書店、1972.
[7] 犬井鉄郎、「特殊函数」、岩波全書、岩波書店、1962.
[8] 安藤四郎、「楕円積分・楕円関数入門」、日新出版、1970(第5版).
[9] 森口繁一, 宇田川銈久, 一松信, 数学公式 I（全三冊）—微分積分・平面曲線—, 岩波全書, 岩波書店, 1956.
[10] 堀川清司、「海岸工学」、東京大学出版会、1991.
[11] 伊藤清三、「ルベーグ積分入門」、裳華房、1963.（ルベーグ積分を学習する定番の教科書。）
[12] 新井仁之、「ルベーグ積分講義」、日本評論社、2003.（初学者がルベーグ積分を学習するのに分かりやすく解説してある。）
[13] G. Doetsch, 'Theorie und Anwendung der Laplace-Transformatiion,' 1937.
[14] 宇野利雄、洪女任植、「ラプラス変換」、共立全書、1974.
[15] Coddington, E. A. and Levinson, N., 'Theory of Ordinary Differential Equations,' McGraw-Hill, New York, 1955.
[16] 野原勉、「応用微分方程式講義—振り子から生態系モデルまで」、東京大学出版会、2013.
[17] R. Haberman, 'Elementary Applied Partial Differential Equations,' Prectice-Hall, Inc., 1983.
[18] Alligood, H. T., Sauer, T. D. and Yorke, J. A., 'Chaos An Introduction to Dynamical Systems,' Springer-Verlag, New York,

1996.「カオス 力学系入門」、津田一郎監訳、シュプリンガー・ジャパン、2006.

[19] 三井斌友、「数値解析入門」、朝倉書店、1985.

[20] A・N・コルモゴロフ、「確率論の基礎概念」、坂本實訳、筑摩書房、2010. A.N.Kolmogorov, ‘Foundations of the Theory of Probability,’ New York(Chelsea), 1956（原本は 1933 に刊行され確率論の分野に多大な影響を与えた。）

[21] 飛田武幸、「確率論の基礎と発展」、共立出版、2011.（確率論、確率過程を俯瞰し、ホワイト・ノイズ解析まで踏み込んだ名著。）

[22] J. Lamperti, ‘Probability,’ W.A.Benjamin, Inc., 1966.（確率論の基礎を学習する良書。）

[23] ポール・ホフマン、平石律子訳、「放浪の天才数学者エルデシュ」、草思社、2005.

[24] Crow, E.L.and Shimizu, K.eds., ‘Lognormal Distributions, theory and applications,’ Marcel Dekker, Inc., 1988

索引

数字

1 価関数　21
1 次関数　15
1 次従属　84
1 次独立　84
1 次方程式　72
2 価関数　38
2 項演算　2
2 項係数　117
2 項分布　116, 117
2 次関数　17
2 次方程式　74
3 次方程式　75
3 囚人問題　137

M

Mathematica コード　151

R

RSA 方式　11

あ

アーベルの定理　105
安定　95

い

一意性　i
一般解　79
因数分解　7

か

解軌跡　95
階級　123
解析的　66
外測度　148
外測度可測集合　58, 149
階段関数　57
解の存在性と一意性　96
ガウス記号　17
カオス　95
係り受け解析　128
学籍番号　25
拡大体　7
確率　109
　　コイントスの例, 109
確率分布　112, 116
確率変数　112
確率密度関数　122, 124
重ね合わせの原理　103
可算集合　56
過剰和　44
数　1, 15, 25
可測関数　58
加法群　2
カルダノ　77
関数　15
ガンマ関数　51

き

基本解　85
逆関数　20
逆写像　26
逆正弦関数　21
逆正接関数　22
逆像　28
逆余弦関数　22
逆ラプラス変換　93
客観確率　111
求積法　78
共振現象　40
極限周期軌道（リミットサイクル）
　　95
虚数　3

く

空事象　110
区間塊　54

群　2

け

経験分布　120
計算言語学　128
形態素解析　128
原始関数　42

こ

コイントス　109
　　シミュレーション, 116
光易型方向分布関数　52
公開鍵暗号　11
公開鍵暗号方式　11
合成数　8
交代調和級数　64
合同　11
公理的確率　116
固有関数　102
固有値　102
根元（源）事象　110
根と係数の関係　75

さ

サイクロイド　36
細分　44
算術の基本定理　9

し

事後確率　134
事象　110
事前確率　133
自然数　1
実解析関数　66
実数　1, 3
実数体　6
質量密度　99
支配戦略均衡　140
自明解　101
弱微分　144
写像　24
自由応答　82
周期関数　23
集合関数　54
集合族　54
囚人のジレンマ　139
主観確率　111, 116
主値　21
準備　54
商　1
条件付き　129
条件付き確率　128, 134
上限と下限　143
剰余項　65
初期値境界値問題　100
初等解法　78
初等関数　20

せ

正規分布　118, 122
整数　1
正則行列　74
ゼータ関数　10
積事象　111
積分
　　定積分, 43
　　不定積分, 42
積分可能条件　46
積分定数　42
線形従属　84
線形独立　84
全事象　110
全射　26
全単射写像　26

そ

素因数分解の一意性　9
相図　95
測度論　146
素数　8
その他の関数　20
存在性　i

た

体　4
代数学の基本定理　71
代数関数　20
対数正規分布　123

代数的解法　72
大数の法則　115
代数方程式　71
体と多項式の因数分解　7
多価関数　21
単射　26

ち

値域　15
中心極限定理　118
超関数　53
調和級数　63

つ

ツルカメ算　73

て

定義域　15
定義関数　57
定数関数　16
定数係数 2 階線形微分方程式　89
定数変化法　89
定積分　43, 45
　公式, 48
　定義, 43
　定義される関数, 51
　面積, 47
ディリクレ関数　47
テーラー展開　65
デルタ関数　53

と

導関数　32
同次形　83
同分布　113
同様に確からしい　112
特異解　79
特解　103
特殊解　79
特殊関数　23
特性方程式　89
独立　113

な

ナッシュ均衡　140

に

ニュートン　31

ね

熱エネルギー保存則　98
熱拡散率　97
熱伝導の法則　99
熱伝導率　99
熱方程式　96
　初期値境界値問題, 99
　導出, 97
粘性減衰係数　81

は

バーゼル問題　67
バネ定数　81
バネ–マス–ダンパ系　81
幅　44
判別式　75

ひ

微積分学の基本定理　43, 49
非線形関数　17
非線形微分方程式　95
非同次形　84
非同次変数係数 2 階線形微分方程式　83
比熱　99
微分　31, 32
　公式, 34
　定義, 31
微分可能　31
微分係数　31
微分の公式　35
微分不可能　34
微分方程式　77
　数値解法, 96
標本空間　110

ふ

不安定　95

フーリエサイン級数　104
フェルマーの小定理　11
復元力　82
複素数　1, 3
　–の四則演算, 6
不足和　44
不定積分　42
不連続点　47
分割　43
分散　125

へ

平均　125
閉区間上で積分可能　45
平衡点　95
ベイズの定理　134
ベータ関数　53
ベクトル値関数　20
ヘビサイド関数　34
ベルヌーイ列　116
変数係数 2 階線形微分方程式　83
変数分離型　78
変数分離法　96, 100
偏微分方程式　96

ほ

法として合同　11
母集団　116
母平均　116
ポリヤの壺　128, 129

ま

マクローリン展開　66

む

無限級数　63
無理数　3

め

メルセンヌ素数　9
面積　47

も

モンティ・ホール問題　ii, 131

ゆ

有限加法性　111
有限加法族　147
有限加法的測度　147
有理数　1, 3
有理数体　6

よ

余事象　110
弱い意味の微分　34

ら

ライプニッツ　31
ラプラス逆変換　93
ラプラス変換　90, 91

り

リーマン積分可能　45
リーマン予想　10, 11
リーマン-ルベーグの定理　105
利得表　140

る

ルベーグ外測度　55, 148
ルベーグ積分　53
　定義, 58

れ

零元　2
零集合　57, 149
劣加法性　148
連立 1 次方程式　73

ろ

ロピタルの定理　39
ロンスキー行列式　84

わ

ワイエルシュトラスの定理　105
和事象　111

著 者 略 歴

野原 勉（のはら べん）

1988年名古屋大学大学院博士課程満期退学，同年工学博士.
三菱重工業（株）技術本部にて火力発電プラント，HIIAロケット，飛翔体などの研究開発に従事.
2000年米国ヴァージニア州立工科大学客員教授（～2003年）.
2001年武蔵工業大学（現東京都市大学）教授となり現在に至る.
2012年東京大学大学院数理科学研究科連携併任講座客員教授（～2014年）
専門は大域解析学.

【主な著書】 応用微分方程式講義―振り子から生態系モデルまで（東京大学出版会，2013），例題で学ぶ微分方程式（オライリー・ジャパン，2013），Mathematicaと微分方程式（日新出版，2014），エンジニアのためのフィードバック制御入門（監訳，オライリー・ジャパン，2014）

矢作由美（やはぎ ゆみ）

2000年　津田塾大学大学院博士課程満期退学
2000年　同大学数学・計算機科学研究所研究員および学芸学部数学科助教（～2012年）
2012年　東京都市大学共通教育部自然科学系数学教育部門講師
専門は解析学

理系のための 数学リテラシー

2015年2月10日 印 刷
2015年2月25日 初版発行

発行者 小 川 浩 志

発行所 日新出版株式会社
東京都世田谷区深沢 5－2－20
TEL〔03〕(3701) 4112・(3703) 0105
FAX〔03〕(3703) 0106
振替 00100-0-6044，郵便番号 158-0081

ISBN978-4-8173-0252-6

2015 Printed in Japan

印刷・製本 日商印刷（株）